KB271254

아인슈타인의 그림자   밀레바 마리치의 비극적 삶

아인슈타인의 그림자

밀레바 마리치의 비극적 삶

데산카 트르부호비치-규리치 지음 | 모명숙 옮김

YANG MOON

Im Schatten Albert Einsteins
by
Desanka Trbuhović-Gjurić

Copyright © 1983 by Haupt Berne(Switzerland)

Korean translation copyright © 2004 by Yangmoon Publishing Co., Ltd.
Korean translation rights arranged with Haupt Berne(Switzerland)
through EUROBUK LITERARY AGENCY, Seoul, Korea

제가 창조하고 이룩한 모든 것은 밀레바 덕분입니다.
그녀는 제게 천재적인 영감을 주는 사람입니다.
그녀가 없었다면 제 작품은 완성은커녕 시작도 되지 못했을 겁니다.

알베르트 아인슈타인(Albert Einstein)

취리히 학생 시절의 밀레바 마리치

 아인슈타인의 그늘 속에서

뭔가 숨겨진 듯하고 수수께끼 같은 것이 있어 보이면 그 배후의 진실에 대해 자꾸 생각하게 되고 '왜' 하는 궁금증을 갖게 된다. 가령 나는 이런 의문이 들었다. 학업 성적이 탁월했을 뿐 아니라 대단한 재능을 지니고 있었던 소녀 밀레바 마리치는 왜 학문적으로는 그에 상응하게 성공하지 못했을까? 나는 이런 궁금증 때문에 밀레바에 대한 기억의 편린들을 수집하기 시작했고, 삶과 연구에서 그녀와 함께 한 동료들은 물론 당시 사건에 대한 믿을 만한 증인들도 찾아보았다.

밀레바 마리치는 어떤 도식에도 들어맞지 않는 예외적인 품성의 소유자였다. 그래서 아직 남아 있는 파편들을 모아 그녀의 삶을 완벽하게 짜 맞춘다는 것은 그만큼 더 어렵다. 내가 조사하고 연구하는 과정 내내 원했던 것은 밀레바와 관계되는 일들을 제대로 알아보겠다는 것뿐이었다. 밀레바의 삶을 증명해주는 문헌들은 수적으로 극히 적은 데다, 서로 모순되고 또 어쩌면 그녀에게 불리하게 변조되기까지 한 것들이어서 믿을 만한 게 별로 없었다. 나는 밀레바의 삶을 제대로 보여준다고 인정되는 것을, 인정되지 않은 것이나 알려지지 않은 것, 그리고 부당하게도 어둠에 묻혀 간과된 것 등과 구분하려고 애썼다. 또한 밀레바가 창조한 삶의 큰 줄기를 건드리지 않으면서, 또 다른 측면에서 볼 때 그녀의 확실한 공적을 반박하지 않으려고 했다. 따라서 그녀에 관한 세부사항들을 가능한 한 많이 알려고 노력했다. 또 그다지 중요해 보이지는 않지만 삶의 작은 파편을 보여주는 사실들에 대해서도 같은 입장으로 임했다. 그 작은 파편들이 주변 환경과 관계하면서 빚어내는 일상생활이야말로 개인의 진면목을 가장 잘 통찰할 수 있게 해줄 것이기 때문이다.

밀레바는 평생 입을 다물었고, 자기 자신과 체험에 대해 말을 하지 않았다. 그녀는 대중에게 알려지는 걸 꺼렸고, 어떤 식으로든 개인적으로 인정받는 것도 가능한 한 피했다. 그래서 그녀가 직접 진술한 내용은 극히 적다. 따라서 그녀의 삶을 따라다닌 사건이나 사실들을 근거로 논리적인 추론을 하는 수밖에 없다.

그 때문에 밀레바 마리치보다 다른 사람들에 대해 너무 많이 이야기한다는 인상을 받을 수도 있다. 아인슈타인이 1905년 행한 업적 때문에 인정받은 창작의 위대함, 명성, 인기뿐만 아니라 밀레바의 공동작업에 대해서도 조명해야 한다는 데 이번 작업의 어려움이 있었다.

또한 감정의 계기들이나 일상생활, 그리고 내면적인 일 역시 중요하다. 바로 그런 이유에서 구술과 녹음, 그리고 편지 등을 통해 알 수 있는 사소한 체험들을 이용했고, 가까운 친척이기 때문에 밀레바의 개인적인 면모를 좀더 잘 알 수 있는 가족 구성원들을 묘사했다. 결론을 끌어내는 일은 독자에게 남기겠다.

밀레바는 대단히 재능이 많은 가문 출신이었다. 그녀는 정신적인 관심사나 삶에 대한 태도에서 볼 때 행방불명된 남동생 밀로쉬와 비슷했다. 아인슈타인을 만나기 전까지만 해도 밀레바의 활동은 자기 자신의 정신적인 동기 때문에 이루어졌다. 그때까지만 해도 그녀는 주변 환경을 고려하지 않고 자신의 정신적인 욕구를 따랐다. 어떤 한 사람을 알기 전까지는 자신의 고유한 삶을 영위한 것이다.

밀레바는 그 사람을 자신의 지지와 도움이 꼭 필요한 천재라고 여겼다. 여러 사물들에 대한 사고방식이나 학습방식에서, 또 출신이나 받아온 교육에 비추어 보아도 밀레바는 그 남자와 많이 달랐다. 그들은 공동의 목표를 추구한다는 데에서만 일치했다. 그 남자의 커다란 성공에 가려 이와 같은 많은 점들이 억압되고 입 밖으로 발설되지 않은 채 묻혀 있다. 그리고 바로 이렇게 은폐된 것들이 의식을 압박한다. 나는 어둠에 빛을 비추어 사태의 이면을 볼 수 있게 하려고 했다. 밀레바가 관통한 삶의 비극을 함께 공연했던 사람들은 세상을 떠났지만, 그들을 대신하여 증언할 수 있는 사실들은 남아 있다.

밀레바는 자신이 추구하는 모든 것을 오직 아인슈타인의 목표보다 아래 두었는데, 그에 대한 사랑이 무척 깊었기 때문이다. 그래서 그녀 자신의 계획들은 중단되고 말았다. 그녀는 할 수 있는 한 혼신의 힘을 다해 인내심과 열정을 갖고 아인슈타인의 성공을 위한 이상에 헌신했고, 죽을 때까지 그 이상에 충실했다.

밀레바의 개인적인 품성은 오랫동안 나를 사로잡았다. 그녀의 내향적인 성격과 겸손함, 또 사고와 감정의 깊이에 사로잡혔던 것이다. 거의 초인적이라고 할 수 있을 정도로 체념을 잘 하는 모습은 감탄스럽기까지 했다. 그래서 그녀의 삶에 관해 내가 알 수 있는 모든 것을 쓰게 되었다. 그녀의 진리에 대한 추구, 삶의 최고 가치를 위한 투쟁을 정당하게 자리매김 해주기 위해서였다.

밀레바가 대중의 접촉을 피하고 자신에 대해 침묵했다고 해서 우리도 입을 다물어야만 하는 것은 아니다. 오히려 그 반대이다. '밀레바 마리치'라는 이름이 그냥 잊혀지도록 방치해서는 안 될 일이다. 그녀가 헝가리인이었음을 자랑스럽게 여길 이유가 헝가리인들에게는 충분히 있다. 자기 민족의 위대한 사람들을 존경하지 않는 민족은 그 위인들을 가질 자격이 없다는 말이 있다. 밀레바 마리치는 여러 면에서 위대하다. 그녀의 삶은 누구에게나 비할 바 없는 현존의 본보기가 된다. 비록 그녀의 현존이 자신의 본성에 위배되고, 오직 그녀의 강철같이 확고한 결심만이 그 현존의 토대가 되긴 했지만 말이다.

밀레바에 대해 알고 있는 것을 총동원하여, 아인슈타인의 창조

작업에서 그녀가 한 역할이 크고 중요했다는 결론을 내릴 수 있다. 그 이유는 다음과 같다.

- 밀레바는 유년기에 벌써 탁월한 재능을 드러냈다.
- 밀레바는 인식을 추구하는 힘은 물론이고 수학과 물리학을 파고드는 집요함도 지녔다. 이런 토대가 있었기에 그녀는 주변 사람들의 엄청난 만류와 당대의 선입견, 그리고 소도시라는 환경에도 불구하고 먼 곳으로 나아갈 수 있었다.
- 밀레바는 공부에서 범상치 않은 탁월함을 보였다.
- 아인슈타인과 함께 보낸 학창시절과 결혼생활 중에 아인슈타인과 공동 연구를 했다.
- 아인슈타인도 말했고 믿을 만한 동시대인들도 증언한 바 있지만, 밀레바는 아인슈타인의 연구 작업에 참여했다.
- 부인할 수 없는 사실로, 아인슈타인은 노벨상을 밀레바에게 양도했다.

독창적인 창조 작업은 마음이 맞는 사람에게 자극을 받아 이루어지는 경우가 종종 있다. 그러나 사람들만이 아니라 사물들도 그런 창조가 가능하도록 자극을 줄 수 있다. 아인슈타인과 밀레바의 관계에서 본질적인 것은 불멸의 작품을 만들어낸 공동 작업이다.

　이 책에 제시된 것에 만족하지 못하는 사람들도 있을 것이다. 밀레바의 학문적인 작업에 관한 문헌들이 언젠가 나타날지도 모를 일이다. 그녀의 학문에 관한 기록들은 기이하게 사라져 버렸는데 잠시 동안이긴 하겠지만 아직 그 모습을 드러내지 않고 있다. 그렇다고 그 문헌들이 나타나기를 마냥 기다릴 수만도 없는 일이다. 그 이유를 '진리에 대한 추구가 진리를 완전히 소유하고 있는 것보다 값지다'는 레싱의 말로 대신하고자 한다.

　아인슈타인의 이름이 갖는 위대성은 그의 아내였던 밀레바에게도 똑같이 부여되는 것이 마땅할 것이다. 그녀에 대해 아인슈타인은 '우리는 하나'라고 반복해서 강조한 바 있다. 밀레바는 이 말뜻을 정확히 알고 있었지만, 자신의 이름이 함께 거론되기를 원하지 않았다. 자신에 관한 한, 유명해지는 것이 좋지 않다고 여겼기 때문이다.

취리히, 1982년 가을
데산카 트르부호비치–규리치(Desanka Trbuhović-Gjurić)

차례

혼란의 시대에 태어나다

1866년 어느 가을날 저녁, 농부들은 집 앞에 있는 나무의 그루터기에 앉아 씹는담배를 뱉어내며 앞으로 당면할 일들에 대해, 그러니까 곡물과 건초 가격을 비롯하여 오스트리아의 권력과 자식들이 복무 중인 오스트리아 군대에 관해 잡담하고 있었다. 그때 막 일군의 새로운 병사들이 티텔을 향해 먼지 자욱한 길을 행진해오고 있었다. 군인들의 군화에서 나는 거친 발소리가 조용한 저녁의 조화를 깨뜨리고, 찌르륵거리는 메뚜기 떼의 아름다운 소리를 방해했다. 저녁노을이 옅어지면서, 먼지가 만드는 금빛 안개가 병사들의 뒤꽁무니를 따라갔다. 하사관 밀로쉬 마리치도 이 행렬에 섞여 티텔로 향했다. 그는 날씬하고 키가 훤칠한 젊은이였다.

넓고 긴 도로와 높다란 합각머리 지붕들 때문에 티텔은 마을이라기보다는 소도시처럼 보였다. 그곳에는 세르비아인, 헝가리인, 소수의 독일인 등이 거주하고 있었다. 중요한 전쟁과 민족적인 이동이 자주 이루어지는 현장이었다. 1690년 세르비아 사람들의 숙명적인 이주가 있던 시기에 티텔은 가장 많은 민족들이 모여 살았던 장소들 중 하나였다. 무엇보다도 몬테네그로(유고슬라비아 남부에 있는 공화국으로, 세르비아와 함께 신유고슬라비아연방을 구성 - 옮긴이)와 보스니아에서 갓 온 사람들이 그곳에 정착했기 때문이다.

이곳에 모인 사람들은 모두 오랫동안 고생하며 이주하느라고 완전히 지쳐 있었다. 이곳저곳 옮겨 다니는 동안 터키인들에게 습격당할 위험에 늘 노출되어 있었기 때문이다. 그들은 기병대의 호위를 받으면서 소나 말이 끄는 마차로 이동했고, 가축은 물론 몸에 지닐 수 있는 것이면 필요하든 아니든 전부 끌고 다녔다. 판노니아 분지(도나우강 중류 우안(右岸)의 헝가리 분지지역 - 옮긴이)는 이런 군중들로 넘쳐났다.

표면적으로 달라진 것이래야 피난민들이 그곳에서 세르비아 주민을 만난 것에 불과했지만, 결과적으로는 극심한 변화와 혼란을 야기했다. 지형도 날씨도, 심지어 공기와 물도 달랐다. 고향산천에서 내쫓긴 그들은 자신들이 끝없이 펼쳐진 평야에 와 있음을 알았다. 또 이미 오래전부터 그곳에 정착하여 살고 있는 동족들은 고향과는 전혀 다른 상황 속에서 살아왔기에 그들과 같을 수가 없었다. 그나마 동족들의 신임을 얻고 뿌리를 내리는 게 중요했다.

오스트리아 역시 제멋대로인데다가 더럽기 짝이 없는 군중들을 처음에는 어떻게 해야 좋을지 몰랐다. 그들은 무척 사납고 우중충하며 위험하게 보였기 때문이다. 그런데 그들은 제국의 보호벽으로서는 쓸모가 있었다. 전혀 겁나는 게 없어 보이는 이 전사들이 사방으로 번져가는 수많은 전쟁터에서 맨 앞줄을 차지하고 죽어갈 것이었다.

이 과정에서 오스트리아는 효과적인 방법들을 이용했다. 즉 피난민들에게 한 수많은 약속들을 거의 지키지 않고도 그들의 피와 생명을 얻어냈다. 세르비아 피난민들은 오스트리아로부터 방치된 늪지 같은 땅을 받았고, 그 불모지를 갈고 다듬어 옥토로 만들어야 했다. 또 그들이 지닌 '교회의 분열을 야기하는' 신앙의 자유를 보장받았다. 그런데도 십일조는 가톨릭교회에 꼬박꼬박 바쳐야 했다. 그 대신 피난민들은 자기들이 원하는 정부를 선택할 수 있었고, 그 밖의 다른 많은 것도 할 수 있게 되었다.

세르비아인들은 오스트리아가 펴는 이런 정책에 숨겨진 속임수를 잘 파악하지 못한 채, 자신들의 이해에 어긋나게 싸우곤 했다. 어쨌든 그들은 오스트리아가 요구하는 모든 전투에서 오스트리아가 한 모든 약속에 대한 감사의 표시로 피를 흘려야 했다. 그들은 이런 대가가 너무 비싸다고 생각하지 않았다. 불안정한 발칸반도에서 전쟁을 치르는 데 익숙해져 있었기 때문이다. 그들에겐 자유에 비하면 목숨은 하잘 것 없었는데 오스트리아가 그 자유를 분에 넘치게 약속했던 것이다.

외적으로 동화되는 것보다 더 어려웠던 것은 정신적인 동화였다. 모든 것들이 생소한 이곳에서 고향산천과 옛 풍습들이 그리워졌다. 돌아갈 가망이 없다는 것은 잘 알고 있었지만, 그 사실을 받아들이기란 여간 어려운 게 아니었다. 그들은 터키 치하에 있었을 때 아무리 큰 고통이 따라도 영웅처럼 침묵하는 데 익숙해 있었다. 이처럼 고통을 함께 하고 있다는 유대는 사람들 사이를 지속적으로 묶어주는 끈이었다.

억압과 침묵으로 인해 겉으로 볼 때 그들의 모든 감정은 이미 죽어서 매장된 듯 보였다. 하지만 감정이란 그렇게 간단히 없앨 수 있는 것이 아니기에, 개인이나 가정에서 예기치 못한 특이한 모습으로 터져 나오거나 오래된 분노의 충동과 함께 솟구치기 마련이다. 그때가 되면 평범한 집단으로부터 한 개인이나 가정이 갑자기 두드러지게 된다. 그것은 특별한 재능 때문이거나, 어떤 병적인 요소나 불합리한 것 혹은 여러 세대에 걸쳐 은폐되어온 것 때문일 수도 있다.

선조들이 이주한 지 거의 200년이 지난 그 가을날의 저녁에 평온한 농부들은 군인들을 보고 기뻐했고, 자식들이 군인이 되었다는 사실을 자랑스러워했다. 그들에게는 모든 군대가 존경받을 만한 가치가 있었다. 군대는 용맹과 남자다움을 의미했기 때문이다. 그리고 그들의 아들이 이민자들의 후손일지라도 군대에서는 높은 자리에 올라갈 수 있었다. 그것이 여러 언어를 사용하는 제국에서 원래는 다른 민족들의 차지였지만 말이다.

밀로쉬 마리치는 영리하고 성격이 쾌활해서 눈에 띄었고, 동네 주민들의 호감을 얻었으며 소녀들의 마음을 사로잡았다.

오스트리아는 판노니아 분지에 세르비아인들이 밀집하는 것을 약화시키기 위해 18세기와 19세기에 걸쳐 계획적으로 다른 민족들을 그곳으로 이주시킨 후 세르비아아인들 사이에 심어놓았다. 그 결과, 티텔에는 세르비아인들 외에 헝가리인들과 약간의 독일인들도 거주하게 되었다. 인접 지역인 카치 출신이었던 밀로쉬 마리치는 티텔의 상황을 아주 잘 알고 있었다. 그는 노비사드와 카를로비치에서 학교를 다니는 동안 잠시 독일인 가정에 기거하면서 독일어를 배웠기 때문에, 군대 훈련보다는 문서 작성 임무를 더 많이 맡게 되었다.

티텔에서 가장 아름답고 부유한 저택들 중 하나는, 명망 있는 아타나시우스 루쥐치의 집이었다. 그 가문의 선조는 포드고리차 근교의 몬테네그로 출신이었다. 그래서 아타나시우스는 아직도 선조들과 비슷하게 표현하고 발음했다. 그에게는 아들 페로(페터)와 세 명의 딸이 있었다. 그 딸들은 마리야, 쥴리야, 옐레나였다. 멋지고 상냥하고 재미있는 밀로쉬 정도라면 여러 소녀들 중에서 마음에 드는 아가씨를 선택할 수 있었을 것이다. 소녀들과 여러 번 불장난을 한 후 자기 가족의 장래를 진지하게 생각했을 때 그의 앞에는 모든 가능성이 열려 있었다. 그는 겸손하고 조용하며 대단히 이성적인 마리야 루쥐치를 선택했다. 두 사람은 1867년에 결혼했다. 밀로쉬는 스물두 살이었고, 마리야는 스물한 살이었다.

신혼부부는 마리야의 부모 집에서 살았다. 밀로쉬는 정해진 군복

카치에 있는 고급저택

무 기간이 끝난 후에도 계속 군대에 남으려고 했다. 그는 카치에 있는 아름다운 저택을 사들였다. 영주가 살았던 이 저택에는 탑은 물론이고 청동으로 주조된 종도 있었다. 종소리는 농장 어디서나 들을 수 있을 정도였다. 들에서 일하는 일꾼들에게 점심이나 저녁 식사시간을 알리는 것도 이 종소리였다. 밀로쉬의 농장은 전답과 구릉지를 포함하여 200헥타르에 달했다.

이들 부부는 결혼한 지 8년이 지나서야 딸 하나를 얻었다. 1875년 12월 19일, 이 날은 밀레바 마리치가 세상에 태어난 날이었다. 어린 밀레바는 어머니와 외조모에게 세례를 준 신부로부터 세례를 받았다. 대모는 티텔의 상인 안드레아스 자리치의 딸인 옐레나였다.

밀레바는 한 살 때 외할머니의 손에서 지냈다. 외할머니는 품성이 매우 선하고 조용한 분이었다. 이 어린아이는 고관절(股關節)이 탈골된 채 세상에 나왔다. 그 사실을 처음 안 것은 밀레바가 걸음마를 시작할 때였다. 그것은 부모에게 큰 근심거리였다. 절름발이 여자아이는 결혼하기가 어려웠기 때문이다. 당시 의사들로서는 이 정도의 기형을 바로잡을 수 없었다. 민간요법을 써보고 상담을 수도 없이 해보았지만 소용이 없었다. 밀레바는 죽을 때까지 절름발이였다.

1907년에 밀레바의 부모는 처음으로 커다란 집을 지었다. 밀레바는 어머니가 나고 자라난 옛날 집에서 태어났다. 앞에서 언급한 교회의 세례증명서를 보면, 아타나시우스 루쥐치와 아내 소피야의 딸 마

노비사드에 있는 마리치 가문의 집

리야는 6월 17일에 태어났고 6월 18일에 세례 받았음을 알 수 있다. 그녀의 대부는 티텔 출신 안토니예 마카리치의 아들 글리고리예였다.

루쥐치, 마카리치, 자리치는 물론이고 티텔에 모인 세르비아 사람들 모두 남쪽 산악지대에서 온 이주자 출신들이었다. 오스트리아는 이들을 도나우강 해군인 '챠이키스트'로 만들었다. 강의 소형함 부대 '샤이켄'을 본 따 바치카(헝가리와의 국경 사이에 있는 평야지대-옮긴이) 구역을 '샤이카쉬카'라고 불렀다. 소요 지역들에서 전쟁의 위험이 사라지자, 오스트리아는 이 전사들을 농부로 삼으려고 했다. 그들은 자기 땅보다는 영주의 땅을 더 많이 개간해야 했으므로, 경제적으로 종속될 뿐만 아니라 신분상으로도 자유로울 수 없었다. 그래서 동요가 일어나고 새로운 이주가 시작되어 러시아까지 들어가게 되었다. 오스트리아는 마침내 다른 지역으로 이주하는 것을 금지했다. 고향에 남은 사람들은 전쟁 동안 생긴 특권들을 유지했고, 기름진 땅에서 생활하며 자신들을 토착민이라고 여겼다. 그들은 이미 새로운 삶의 양식뿐 아니라 일과 재산도 갖고 있었다.

그들 중에서도 부유하고 명성 있는 집안에서 밀레바 마리치가 태어났다. 이후 살아가는 동안 드러난 특이한 여러 유전 형질들을 갖고 말이다. 나중에 이야기하겠지만 그 가운데 많은 것들은 은폐되었다.

세르비아 민족은 자신들에게 주어진 땅과 약속받은 특권을 끈질기게 붙들고 있었고, 세상사의 새로운 질서에서 스스로의 자리를 찾기 시작했다. 생활, 물론 외적인 생활은 농업과 용병술이 발전함에 따라 나아졌다. 저택들과 주택단지들이 금세 생겨났다. 다른 모든 것은 의식의 어두운 영역 안으로 밀어 넣어졌다. 무의식의 영역에서는 인종, 종파, 계급구조 등에 대한 사라지지 않는 분노의 감정들이 살아 부글부글 끓고 있었고, 겉으로는 잊혀진 것처럼 보이는 감정들이 먼 미래이긴 하지만 나중에 예기치 않게 터져 나올 정신적, 육체적인 형태를 준비하고 있었다.

절름발이 어린 소녀

커다랗고 까만 눈을 가진 절름발이 어린 소녀는 다른 또래보다 생생한 판타지와 지식욕, 그리고 뛰어난 관찰력에서 두드러졌다. 그녀는 진지한 아이로서, 자기 나름대로 진심으로 기뻐하고 슬퍼할 줄 알았다. 이 아이는 온 마음을 다해 놀이하고 노래 부르고 슬퍼했으며, 자신의 존재를 점점 열어주는 모든 것에 공감했다.

바치카 평야, 멀리 있는 지평선, 에메랄드처럼 맑고 물고기가 많은 티서강(헝가리 동부지방을 북쪽에서 남쪽 방향으로 흐르는 강－옮긴이), 부친의 밭과 초지들, 이 모든 게 매력적이고 아름다운 것을 많이 제공했다. 그것은 부모와 이웃, 그리고 주변 어른들의 긴 대화와는 사뭇 달랐다. 그곳에서는 낮과 밤이 바뀌고 계절이 바뀌었다. 눈이 내렸고 과일나무에 꽃이 피었으며, 꽉 찬 곡식알이 바람에 흔들렸고, 꽃들이 만발하여 단조로운 녹색에 다채로운 색을 주어 생기 넘치게 해주었다. 그리고 매우 아름다운 강은 노인들이 종종 이야기를 들려주던 소형함

부대에 대한 추억을 간직하고 있었을 뿐만 아니라, 여름날 저녁이면 여자들이 의자를 집 앞으로 끌어내어 앉아서 길에 물을 뿌려 먼지가 일어나지 못하게 하고 더위를 누그러뜨렸던 일들을 기억하고 있었다.

밀레바는 몇 시간 동안이나 강가의 높은 잔디밭에 엎드려 강물 속을 돌아다니는 생명체를 관찰했으며, 자신이 듣고 보았던 모든 것을 곰곰이 생각해보곤 했다. 그녀는 숫자의 세계도 발견했다. 덧셈, 뺄셈, 곱셈, 나눗셈을 하면서 혼자서 즐거운 시간을 보냈다. 종종 병치레를 하곤 했는데, 다시 건강해졌을 때에는 계산을 완벽하게 하고 어떤 질문에든 재치 있게 대답해 주위 사람들을 놀라게 했다.

부모는 딸을 무척 아꼈고, 딸의 건강 때문에 심려가 컸다. 밀레바의 탁월한 재능과 독립성을 처음으로 알아본 사람은 바로 아버지였다. 아버지가 군복무 때문에 딸과 함께 있는 시간이 별로 많지 않았는데도 말이다. 밀레바의 아버지는 부자였을 뿐 아니라, 대단히 명망 있었고 또 사람들에게 인기가 있었다. 아이들과 장난하길 좋아하는 그는 아이들을 귀여워하며 '클리파니'(버르장머리 없는 놈)라고 불렀다. 그러면 아이들은 '클리판 아저씨'(버르장머리 없는 아저씨)라며 응수했다. 이 별명은 끝까지 그를 따라다녔다. 그는 대단한 의욕과 애정을 갖고 일했기 때문에, 주변에서 그의 농지를 하나의 본보기로 여길 정도였다. 이처럼 탁월한 농장주였지만, 그렇다고 농장 일에만 헌신하지는 않았다.

그가 '미차' 라는 애칭으로 불렀던 밀레바는 리듬과 음악에 대한 천부적인 감각을 갖고 있었다. 밀레바는 무엇이든지 음악으로 바꾸어 노래 부르고 춤추는 것을 좋아했다. 그녀가 절뚝거리며 춤출 때는 꼭 다리를 다친 어린 새 같았다. 가볍고 부드럽게 강 끝부분에서 춤추려고 애썼다. 마치 땅으로부터 분리되려는 것 같았다. 또 커다란 다락이나 탑에서, 그리고 마법 같은 청동 종 옆에서 머물기를 가장 좋아했다. 밀레바는 이런 곳에서 놀았다. 그런 곳에서는 사방으로 멀리 내다볼 수 있었고 또 어린아이다운 꿈을 꿀 수 있었다. 밀레바는 자신이 꾼 꿈에 대해 언제든지 시간만 되면 아버지와 이야기를 나누었다.

군사분계선이 없어지면서 아버지는 1882년부터 병역 대체 근무를 하기 시작했다. 그는 루마 지방법원의 서기가 되었다. 가족은 카치에 얼마 동안 더 머물렀다. 아버지가 멀리 떠난 후 밀레바는 자신의 속마음을 아무에게도 털어놓지 않았고 점점 더 깊은 생각에 잠겼다.

다락이나 마법 같은 종이 있는 탑은 그녀가 가장 좋아하는 곳이 되었다. 그곳에서는 창문을 통해 온 세상을 볼 수 있었다. 그곳에서 보이는 세상은 계절마다 모습을 바꾸었지만 언제나 늘 놀랍도록 아름다웠다. 때때로 어머니는 딸 때문에 걱정이 말이 아니었다. 딸이 겨울에 냉골인 다락의 탑에 처박혀 따스한 입김으로 창문의 얼음을 녹여내고 바깥세상을 관찰하곤 했기 때문이다.

색깔을 바꾸지 않는 것은 티서강뿐이었다. 티서강 위의 얼음조차 녹색이었다. 단 한번 폭우 때문에 이 색깔이 약간 손상되었을 뿐이다. 그때 강은 녹색 침상에서 내려와 노란색이 되었는데, 사나워지고 화가 난 것 같았다. 그리고 강이 다시 진정되고 제자리로 돌아왔을 때에는 흉물스럽지만 비옥한 진흙을 남겨놓았다. 그 다음부터 밀레바는 평소에는 매우 사랑스러운 이 강에 대해 두려움을 가졌다. 강이 왜 그렇게 사나웠을까? 그리고 강물 속에서 그렇게 신나게 헤엄치고 놀았던 그 수많은 작은 고기들은 어떻게 되었을까?

근심 걱정 없었던 유년기는 이렇게 흘러갔다. 그리고 아버지가 가족을 루마로 불러들였다. 밀레바는 자신의 작고 '훼손되지 않은 세계'와 이별하는 게 무척 어려웠다. 또한 자신의 은신처에 있는 작고 예쁜 물건들과 헤어지기가 너무나 슬펐다. 주위 사람들은 이 이별이 영원한 게 아니며, 이제 새로운 많은 것들을 알게 될 것이라고 그녀를 위로했다. 그녀가 체험한 다락의 다채롭고 놀라운 신비의 세계를 관찰하는 사람은 이제 없었다. 그 다락은 먼지로 덮이고 모든 광휘를 잃었다. 놀라움으로 가득 찬 유년기의 판타지와 지혜 덕분에 누렸던 광휘를 말이다.

밀로쉬 마리치와 마리야 루쥐치. 갓난이 조르카, 양녀 나나, 큰딸 밀레바와 함께

고독한 아웃사이더

루마에서 밀레바는 1882년부터 학교에 다니기 시작했다. 학교생활 덕분에 그녀는 생활에서 겪는 커다란 변화를 큰 문제없이 지나갈 수 있었다. 그녀는 읽기와 쓰기에서 무척 뛰어난데다가 새로운 것들을 많이 알고 있었기 때문에 유명해졌다. 밀레바를 하나의 계시와 같다고 여긴 옛 스승은 밀레바의 아버지에게 이렇게 말했다.

"이 아이를 예의 주시하세요! 보기 드물게 비범한 아이에요."

밀레바는 사태를 합리적으로, 그것도 무척 빨리 파악하는 데서 두각을 나타냈다. 마치 모든 걸 이미 알고 있어서 기억해내기만 하면 되는 것 같았다. 수학적 재능은 특히 탁월했다. 모든 수학문제를 너무도 쉽게 풀었으며, 점점 더 새로운 다른 인식들에 관심을 보였다. 집에서는 독일어도 사용했다. 독일어를 능숙하게 구사했던 아버지의 영향 때문이다. 아버지 자신이 책을 많이 읽었으며, 꾸준히 공부하는 건실한 독학자였다. 그는 딸에게 독일어로 된 동화책도 읽게 했다. 밀레바는 그림형제나 하우프의 동화집 외에, 안데르센과 라퐁텐의 동화집도 독일어로 읽었다. 가장 깊은 감명을 받은 것은 세르비아의 민족문학 작품들이었다. 아버지는 이 작품들을 종종 암송하곤 했는데, 그러면 밀레바가 곧바로 외우곤 했다. 밀레바는 음악에 대한 감각이 탁월했기 때문에 여덟 살 때 벌써 피아노 수업을 받을 수 있었다. 피아노 수업에서도 밀레바는 놀랍도록 빨리 두각을 나타냈다.

같은 시기인 1883년 밀레바에겐 여동생 조르카가 생긴다. 그런데 조르카 역시 고관절 탈골을 갖고 태어났기 때문에 고생했다. 오늘날에도 제타(몬테네그로)에는 그 이유는 알 수 없지만 이런 병증을 갖고 있는 경우가 무척 흔해서, 의학연구의 대상이 되었을 정도이다.* 밀레바의 외가인 루쥐치 가문도 바로 이런 지역 출신이었다. 1885년에는 아버지가 간절히 원하던 아들이 태어났는데, 이 아이의 이름도 밀로쉬였다.

밀레바는 초등학교를 마친 후 1886년과 1887년 사이에 노비사드에 있는 세르비아 여자중학교에 입학했다. 친구 옐리사베타 바라코

---

* 옛날부터 절름발이가 많이 관찰되고 있는 스쿠타리호(알바니아와 유고슬라비아 몬테네그로 공화국에 걸쳐 있는 호수-옮긴이)의 호숫가 마을들인 골루보비치, 발라바니, 고스틸리예 등에서 봉기가 있은 후부터 이러한 병이 유전되고 있음이 확인되었다. 이 병은 부계나 모계로부터 계속 유전될 수 있다. 신생아들을 뢴트겐으로 연속 조사한 결과 기형이 40퍼센트까지 나타났다. 물론 기형의 형태가 언제나 탈골로 나타난 것은 아니다. 저절로 정상이 된 경우도 있고, 또 나중에 여러 기형이나 질병으로 나타나기도 했다.

의 기억에 따르면, 밀레바는 이 학교에서 가장 뛰어난 학생이었다. 은 둔하기 좋아하고 온유한 성격 때문에 '스베타치'(성자)라는 별명을 얻기도 했다. 2학년 때인 1887년에는 스렘스카 미트로비차에 있는 중학교로 전학을 갔다. 1838년에 설립된 전통 있는 이 학교는 1881년까지 독일어로 수업을 했고, 그 이후부터는 세르보크로아티아어(슬라브어파의 남슬라브어군에 속하는 언어로 불가리아어, 슬로베니아어, 마케도니아어가 해당 – 옮긴이)를 공식 언어로 채택했다.

미트로비차는 시르미움의 전형적인 소도시로, 지하에 현재의 장소보다 크고 중요한 수많은 고대 도시들이 묻혀 있다는 점에서 특별하다고 할 수 있다. 그곳에는 옛날에 트리발 부락 대신 세워진 로마의 시르미움이 있었다. 이 소도시가 역사에서 처음으로 거론된 것은, 그리스도교 시대 초기에 시르미움과 슬라보니아(크로아티아의 북동부를 차지하는 지역 – 옮긴이)에서 발발한 일리리아–판노니아의 대봉기 때문이다. 이 봉기 이후로는 언제나 하나의 도시가 존재했다. 시르미움은 로마인들이 포기한 후 잠시 동안 훈족에게 점령되었고, 그 다음에는 비잔틴 왕국의 지배를 받게 된다. 시르미움은 한동안 게피드족(게르만족의 일파 – 옮긴이)들의 구심점이기도 했다. 그러나 곧 동로마 제국의 관할 구역인 판노니아의 중심지이자 초기 그리스도교의 주교구 수도가 되었다.

이곳은 여러 성인들의 출생지이기도 하다. 그 성인들 중에는 데

메트리오(막시미안 황제 치하에서 그리스도교를 전하다가 시르미움에서 순교한 부제-옮긴이)가 가장 잘 알려져 있다. 이 도시는 중세 때에는 치비타스 상티 디미트리, 나중에 슬라브어의 영향을 많이 받았을 때에는 디미트로비차, 그리고 마지막으로 미트로비차라고 불렸다. 그때부터 가령 프루쉬카 고라 채석장에서 노역을 한 네 명의 유명한 코로나투스 등 여러 명의 그리스도교 순교자들이 나왔다. 또 그곳 점령군의 힘이 막강하여 군인들이 자신들의 장교를 황제라고 선언하던 시대에 주목할 만한 로마황제도 여러 명 나왔다.

그런데 이 도시는 568년 아바르족(5~9세기에 중앙아시아, 동유럽, 중앙유럽에서 활동한 몽골계 유목민족-옮긴이)에 의해 파괴되었다. 이 모든 폐허 위에서 오늘날 스렘스카 미트로비차가 일어선다. 이곳을 파헤칠 때마다 사건이 많았던 긴 과거의 잔해를 만나게 된다.

오스트리아-헝가리제국(1867~1918)에서 여자아이들은 김나지움을 다닐 수 없었다. 딸의 재능과 지식욕을 잘 알고 있는 아버지는 밀레바를 세르비아로 보냈다. 세르비아에는 그런 제약이 더 이상 존재하지 않았기 때문이다. 그래서 밀레바는 1890년부터 샤바치에 있는 세르비아 왕립 김나지움 5학년에 다니게 된다. 루마의 생활은 남동생을 얻은 기쁨에도 불구하고 그녀에게 약간 씁쓸한 기억으로 남게 된다. 이웃집 아이들과 학교 여학생들에게 놀림을 받았기 때문이다. 밀레바는 그때 처음으로 자신의 신체적 결함을 의식하게 된다. 그녀의 정신적인 우월함에 대한 질투심도 집단적인 놀림에 한 몫을 했다. 아이들은 한데 모이면 믿기 어려울 정도로 잔인해질 수 있다. 그래서 매우 예민한 소녀였던 밀레바는 더욱 자신을 감추었다. 이런 점에서 그녀는 어머니를 닮았다. 말하자면 어머니에게서 과묵함을 물려받은 셈이다.

밀레바는 김나지움에서도 재능과 철저한 성격 때문에 두각을 나타냈다. 그녀는 정신적으로 지도적인 인물이 되기 위해 더 공부하길 원했다. 밀레바는 자신이 여자로서 매력은 없으며 오히려 밉게 보인다는 사실을 알고 있었다. 그렇지만 그녀에겐 총명한 두뇌와 용감할 정도로 대단한 인내심이 있었다. 그것은 수백 년 동안 삶의 온갖 어려움과 싸우는 가운데 민족의 여인들에게서 형성된 내력 있는 인내심이었다. 친구들이 보여준 미움은, 밀레바가 자신의 넘치도록 많은 재능을 발전시키는 자극이 되었다.

세르비아의 중학교에서는 프랑스어나 독일어 가운데 하나를 학생 자유로 선택할 수 있었다. 밀레바는 처음에 독일어를 배우기로 결정했다. 독일어를 이미 유창하게 할 수 있었기 때문이다. 그런데 곧 프랑스어 역시 배우고 싶어했다. 그래서 밀레바의 아버지는 교육부장관에게 딸이 프랑스어를 배우는 것을 허락해 달라는 신청서를 냈다.

1891년 3월 6일, 김나지움 교장 대변인인 니콜라 사비치 선생은 이 신청서를 장관에게 전달했고, 엿새 후에 답신을 받았다. 니콜라예비치 장관은 밀레바가 다음 학년 초에 프랑스어로 시험을 치러도 되지만 이번 학년 말까지는 독일어 수업을 받아야 한다는 결정을 내렸다.

밀레바는 프랑스어로 말하고 쓰는 것을 빠른 속도로 익혔다. 과외를 받았을 뿐만 아니라 책을 많이 읽었기 때문이기도 했다.

샤바치에서 밀레바는 특별히 재능 있는 루쥐차 그라쥐치와 친하게 지냈다. 루쥐차는 부지런하고 야심에 차 있긴 했지만 유감스럽게도 결핵에 걸린 소녀였다. 두 사람은 미래의 계획을 함께 세웠다. 수학에 대한 밀레바의 관심은 지칠 줄 몰랐다. 김나지움에 있는 모든 수학선생과 물리선생들은 요반 노니치, 밀리치 스레테노비치, 미하일로 아타나시예비치, 밀란 츄키치 등 밀레바가 전문적으로 참고할 만한 책들을 알려주었다.

천재적인 재능, 그것만으로도 밀레바는 다른 아이들과 이미 달랐다. 더욱이 연구하고 인식하는 기쁨을 통해, 삶에 대한 기대에 찬 소녀적인 몽상들을 대신할 수밖에 없었다. 이런 몽상들은 그녀가 지닌 신체적 결함과는 배치되는 것이었다. 당당하게 고립되고 정신적으로 고독한 소녀 밀레바는, 수백 년간 형성되어 언제 어디서나 통하는 정신적인 발견 및 가능성들의 세계에서 점점 더 외로움을 대신할 대상을 찾았다.

수학은 밀레바에게 인류의 위대한 발견처럼 보였다. 수학은 그녀로 하여금 자연과 사건에 대한 모든 지식을 간단하면서도 포괄적인 기호로 표현할 수 있게 해주었다. 가족의 부에 대한 추구, 한편으로는 자존심을 상하게 하는 연민과 다른 한편으로는 놀림을 받게 하는 외모에 대한 불만 등 일상은 밀레바를 압박했다. 그녀는 세상 사람들의 주목을 받지 않게 될수록, 예쁘지 않은 외모가 아무런 문제가 되지 않고 과거와 미래가 수정처럼 순수하게 소통될 수 있는 영역에서 자신의 존재 가치를 인정받을 수 있도록 더 많이 노력했다. 그래서 친구 루쥐차와 함께 대학입학자격시험 후에 상급학교에서 공부를 계속할 계획을 세웠다. 넓은 세계에서 학문의 근원을 연구하겠다고 마음먹은 것이다.

밀레바는 다방면에 재능이 있었고, 모든 과목에서 가장 우수한 학생이었다. 그녀가 그린 그림들은 정말로 예술작품이었다. 그녀의 학교 성적은 현대적인 학교가 얻을 수 있는 성과를 가장 잘 보여준 본보기로 여겨진다.

1837년에 설립된 샤바치 소재 김나지움은 1887년 이후에야 비로소 전 학년을 교육할 수 있었다. 그런데 제1차 세계대전으로 이 도시는 심하게 손상을 입었다. 도시 전체가 거의 파괴된 것이다. 김나지움의 각종 자료와 문서가 불타버렸는데, 이는 보상할 수 없는 막대한 손실이다. 학교가 주도하는 정신과 교사들의 교양에 관한 한 샤바치의 김나지움은 대단히 높은 수준을 자랑하고 있었기 때문이다. 나중에 업적, 인품, 희생심 등 공적인 부분에서 두각을 나타낸 사람들 가운데 특히 이 학교 출신들이 많다. 예를 들면, 정치가이자 역사학자인 스토얀

밀레바가 열다섯 살 때 그린 그림

노바코비치, 민중의 삶에 뿌리를 두고 있는 작가인 얀코 베젤리노비치, 탁월한 의사이자 불멸의 가치가 있는 단편들을 쓴 작가인 라자르 라자레비치, 유명한 지리학자이자 발칸반도 연구자인 요반 치비이치 등의 이름을 거명할 수 있다.

다음 단계는 크로아티아의 수도 자그레브였다. 1891년 12월 8일, 밀레바의 아버지는 왕립 바날타펠의 장교로 임명된다. 반년 후 가족들이 따라왔다. 그래서 밀레바는 1892/93년에 왕립 상급 김나지움에서 청강생으로 6학년에 다니게 된다. 이때 그녀는 그리스어 시험을 치러야만 했다. 샤바치와 달리 이곳에서는 그리스어를 3학년부터 대학입학자격시험 때까지 가르치기 때문이다. 밀레바는 이 시험도 우수한 성적으로 합격한다. 그리고 김나지움 6학년이 끝날 때 개별 시험에서 최고 점수를 받는다. 7학년 때 밀레바는 학교 당국에 정규 학생들과 함께 물리 수업을 듣게 해달라고 요청한다. 학교 당국은 1894년 2월 14일에 밀레바의 요청을 정식으로 받아들인다.

그해 김나지움의 보고서에 유일한 여학생으로 올라가 있었던 밀레바 마리치의 이름은 8학년의 명단에는 빠져 있다. 1894년 가을에 밀레바는 7학년 말 시험에서 수학과 물리에서 최고 점수를 받았고, 아버지의 동의를 얻어 스위스로 공부하러 가기로 결심한다. 자그레브의 생활조건은 고향에 비해 못했다. 밀레바는 심하게 감기를 앓고 난 후 심각한 폐렴 증세를 보였다. 그래서 유학을 결심할 때, 스위스 대학들

조르카, 밀레바, 밀로쉬 남매

의 명성이나 여자들에게 열려 있는 학문의 가능성 외에 건강에 대한 고려도 한 몫을 했다. 또한 자그레브에서 사귄 몇몇 친구들의 영향도 있었는데, 밀레바는 그들과 취리히에서 함께 지내려고 했다. 병이 나은 후에도 요양 차 얼마간은 스위스에 있었지만, 그건 유학 당시 직면한 것과 같은 이별을 의미하지는 않았다.

밀레바는 자기 자신 외에 어떤 목표도 추구하지 않았다. 대학교육은 그녀를 다른 사람들과 구분해줄 자신만의 재산이 될 것이었다. 하지만 그녀의 교육은 자신의 내적인 부를 다른 사람들과 공유하기 위한 수단이 아니었다. 열여섯 살의 소녀가 지닌 인생관치고는 특이할 정도로 이기적이었다. 밀레바는 가령 유명한 소피아 코발레프스카야와 같은 외부 사람들로부터 어떤 자극도 받지 않았다. 코발레프스카야는 어렸을 때부터, 상트페테르부르크의 수학자 오스트로그라츠키가 석판으로 칸막이벽에 그렸던 미적분의 신비한 기호에 매혹되어 있었다.

코발레프스카야, 소피 제르맹, 마리 퀴리, 그리고 최고의 여성 교육에 있어서 수많은 다른 선구자 여성들은 많은 자극을 얻은 지적인 서클 출신들이었다. 밀레바에겐 이 모든 게 없었다. 그녀는 주위 사람들에게 이해와 후원보다는 놀라움과 저항을 불러일으켰다. 밀레바는 고독하고도 단호하게 판타지의 여린 날개를 불태웠고, 가장 현실적으로 숙고하는 길로 들어섰다.

아버지는 교육을 매우 높이 평가했고, 자신이 고등교육을 받지 못한 걸 유감으로 여겼다. 그는 비범한 재능이 있는 자식들의 교육 욕구를 인정하면서 이렇게 말하곤 했다.

"원하는 만큼 배우도록 해라. 너희들이 하겠다면 막지 않겠다. 그렇다고 내가 너희의 교수들과 함께 유명해지길 원한다고 생각하지는 말아라."

밀레바는 어린아이였을 때부터 모험 정신뿐 아니라, 영웅적인 민족 전통과 함께 여성들 내부에 살아 있는 용감한 인내심을 갖고 있었다. 그녀는 가족과 조국을 떠났다. 원래부터 사랑이나 충직함 때문에 조국에 매여 있는 성격은 아니었다. 작고 수수하며 절름발이인 이 어린 소녀는 여성해방의 길을 자기 스스로 내면서 미지의 낯선 곳으로 나아갔다. 그것은 쉬운 일이 아니었다. 그녀가 추구한 것을 그곳에서 찾게 될지는 아무도 장담할 수 없었다.

샤바치 김나지움의 미술교사가 서명한 사인

1896년의 취리히 기차역 광장

공부하는 여성들

단조로운 소리를 내며 달리는 기차가 밀레바를 점점 더 멀리 데려가고 있었다. 하지만 그녀는 어떤 비극적인 운명이 자기를 기다리고 있는지 전혀 알지 못했다. 밀레바는 부드러운 여명이 있는 고향의 평원에서 벗어나 산지로 갔다. 한여름인데도 높은 지역에는 눈이 있었고, 낮과 밤이 확실하고도 엄격하게 바뀌었으며, 가을의 초원이 봄처럼 초록색이었고, 하늘처럼 파란 크고 작은 호수들이 나라 전체에 흩어져 있었다.

낯선 도시 취리히에서 사람들은 진지한 표정과 정확함으로 신뢰를 불러일으켰다. 또 그들의 당당한 태도는 밀레바의 분위기나 사고에 맞았다. 밀레바는 처음부터 이 도시와 나라가 마음에 들었고, 그 마음을 죽을 때까지 간직했다. 그녀는 1896년 처음으로 플라텐슈트라세 74번지에 있는 배히톨트의 집에 모습을 나타냈다. 그리고 같은 해에 첼트벡 23번지에 있는 라임바허의 집으로 이사했으며, 1897년 10월 5일 독일로 여행을 떠날 때까지 이곳에서 1년 이상 거주했다. 1898년 2

월에 취리히로 돌아온 후에는 당분간 다시 배히톨트의 집에 머물렀고, 같은 해에 플라텐슈트라세 50번지에 있는 엥겔브레히트의 집으로 이사하여 1901년까지 그곳에서 살았다.

취리히 주민조사 때 밀레바 마리치에 대해 보고되는 첫번째 기록은 사라졌거나 폐기되었다. 그러나 취리히의 상급 여학교 서류들을 통해, 그녀가 1894년 11월 14일에 입학시험을 근거로 '불어와 경우에 따라서는 역사, 지리, 동물학과 식물학을 개인지도 받을 것을 의무로 하여' 임시로 3학기 세미나 수업에 참여했음을 알 수 있다. 이 학교의 세미나 수업은 초등학교 교사 양성이나 대학입학자격시험의 준비를 도와주는 역할을 했다. 밀레바가 들어갔을 때 스무 명의 여학생이 있는 학급에서 소위 대학입학자격시험 수험생은 세 명이었고, 그중에 훗날 중요한 역사가가 되는 글라루스(스위스연방의 일곱번째 주인 글라루스 주의 주도 – 옮긴이) 사람 프리다 갈라티가 있었다.

밀레바는 독일어, 프랑스어, 라틴어, 수학, 자연과학, 물리학, 역사, 가창, 속기술 등의 수업을 들었다. 교육학, 방법론, 종교, 체조, 제도 등의 과목은 면제받았다.

그녀가 수업을 들은 선생들은 다음과 같다. 테오도르 페터와 한스 비슬러(독일어), 루이 모렐(프랑스어), 헤르만 히치히(라틴어), 구스타프 쉬르머(영어), 살로멘 슈타들러(자연과학), 요한네스 슈퇴셀(수학, 기하학 기호, 물리학), 로베르트 코프(물리학), 에두아르트 구블러(수학, 기

밀레바 마리치와 관련하여 취리히 상급 여자학교에 남아 있는 서류

하학 기호, 물리학, 수리물리학적 지리학), 리하르트 후흐(일반역사), 에밀 뵈르(스위스 역사), 카를 아텐호퍼(가창) 등이었는데, 학문적으로 대단히 명망 있는 교수진이었다.

밀레바는 1896년 초 베른에 있는 스위스 의과대학에서 대학입학 자격시험을 치렀다. 의학을 공부할 뜻이 있었기 때문이다.

이 당시만 해도 여자들이 대학에서 공부하는 일은 드물었고, 놀림을 받거나 의심쩍게 생각했다. 마르부르크대학 총장은 1895년의 고별사에서 눈사태를 한탄했다. 총장직의 하늘을 구름 한 점이 가려 어둡게 했다는 것이다. 그것은 다름 아닌 이 대학의 첫번째 여학생 존재를 가리키는 말이었다. 그 주인공은 자그레브 출신의 나탈리예 비커하우저였다. 그녀는 기질적으로 대단히 정확하고 유능한 어문학자였다. 유명한 수학자 카를 바이어슈트라스는 러시아 여학생 코발레프스카야의 입학을 동의하기 전에 대단히 까다로운 문제를 풀어오게 했다. 그는 그녀가 문제를 풀지 못할 거라고 확신했다. 그런데 제한된 시간이 되기도 전에 그녀는 대단히 독창적인 답을 제출했다. 나중에 두 사람은 평생 친구가 되었다.

취리히대학은 유럽에서 처음으로 여학생들에게 입학시험을 허용한 곳이다. 1867년 러시아 여성 나데쉬다 수스로바가 처음으로 이 대학에서 박사학위를 받았다. 다음해에는 40년 동안이나 의사이자 교사이며 사회적 활동을 해온 마리 뵈크트린이 이 대학에 입학했다.

당시 공부하는 여성들이 맞서 싸워야만 했던 난관들을 오늘날 상상하기란 어렵다. 이 여성들에겐 재능과 지식뿐 아니라 용기도 필요했다. 훗날 퀴리 부인으로 밀레바와 친구가 되는 마리 스클로도브스카도 이들과 비슷한 이상을 품고 밀레바보다 몇 년 일찍 프랑스로 갔다. 프랑스에서는 1818년에 이미 소피 제르맹이 수학자로서 아카데미상을 수상한 바 있다. 여성들이 교육과 학문에서 일반적으로 동등한 자격을 부여받기까지는 한참 걸렸다. 그러나 선구자 여성들의 노력은 헛되지 않았다.

스클로도브스카는 파리에서 결혼한 언니의 아늑한 집에 들어갔다. 사랑과 이해가 넘치는 영역이었다. 반면 밀레바는 완전히 낯선 세계에서 전적으로 혼자라고 느꼈다. 그곳에서 새로운 생활방식에 익숙해져야만 했다. 하지만 주로 자신의 정신세계를 구축하려고 노력했다. 여기에 그녀만의 스타일이 있다. 다른 나라 출신이었다면 밀레바의 발전 과정도 다른 식으로 진행되었을 것이다. 소도시 출신이었던 그녀에게는 출신의 질곡에서 벗어나 내적인 소명을 따를 가능성만 있었다. 딸이 떠나는 것이 지속적인 이별을 의미했지만 아버지는 항상 딸에게 성실했다. 밀레바는 언제나 그가 가장 아끼는 딸이었다.

아인슈타인과 만나다

1896년 여름학기에 밀레바 마리치는 취리히대학의 의학도들 가운데 하나였다. 그러나 가을에 특별 입학시험을 치루고 스위스 공업전문학교(1911년부터는 스위스 연방공과대학)로 옮겨 수학과 기하학을 공부하게 된다. 이곳에서 그녀는 수학과 물리학을 공부하는 학과(VI A) 1학년 과정에 들어간다. 밀레바는 노르웨이 출신의 여학생 마리 엘리자베트 스테판센이 1891/92년에 처음으로 이 학과에서 공부를 시작한 이후 다섯번째 여학생이었다.

물리학 강의는 글로리아슈트라세에 높이 위치한 물리학 연구소에서 진행되었다. 이곳에서는 도시와 호수의 멋진 경치를 볼 수 있었다. 이제는 주립병원이 새로 들어섰기 때문에 경치를 제대로 감상할 수가 없다. 1866년에 설립된 이 학과는 수학교사와 물리교사를 양성하는 기능을 했다. 1896년 가을에 이 학과에 새로 등록한 학생들은 다음과 같다.

야콥 에라트, 알베르트 아인슈타인, 마르셀 그로스만, 루이 콜로, 밀레바 마리치.

밀레바는 이 그룹의 홍일점인데다가 가장 연장자였다. 가장 어린 사람은 아인슈타인이었다. 밀레바는 축복받은 학문의 땅에 발을 들여놓은 게 너무도 행복했다. 그러나 슬라브족 출신의 수많은 여학생들과 마찬가지로 처음에는 소심하고 소극적이었다. 밀레바에 대한 아인슈타인의 관심은 첫 학기 때부터 이미 시작되었다. 그는 마침내 연구소에서 실습하던 밀레바에게 접근했다. 아인슈타인은 밀레바가 도달한 결과에 매우 흥미로워 했다. 자신은 그 답에 이르지 못했기 때문이다. 아인슈타인이 자기소개를 했고, 밀레바는 그에게 조용하고도 분명하게 자신이 어떻게 그런 답을 내었는지를 설명했다. 밀레바의 집중력과 통찰력은 아인슈타인에게 깊은 인상을 주었다. 동료와 공동작업을 하고 과제에 대해 논의하는 일은 밀레바를 생기 있게 만들었다. 정말로 도와줄 마음의 준비가 되어 있었기에 동료들에게도 다가갈 수 있었다. 학생들은 함께 공부하고 산으로 소풍을 갔다. 그러는 동안 밀레바와 동료들 사이에 순수한 우정관계가 형성되었다.

1896년 여름, 밀레바의 학교 동창인 루쥐차 드라쥐치도 취리히로 왔다. 탁월한데다 어느 면에서나 기품이 있는 여학생이었던 그녀는 가난했기 때문에 세르비아 정부로부터 장학금을 받았다. 루쥐차는 플라텐슈트라세 50번지에 있는 엥겔브레히트의 집에서 비싸게 하숙을 했다. 이 가정에는 온갖 나라에서 온 남녀학생들이 머물고 있었다. 예를 들면 세르비아의 크루셰바치 출신으로 심리학을 공부하는 밀라나 보타, 빈에서 온 헬레네와 아돌피네 카우플러 자매, 자그레브 출신의 루쥐차 샤이와 아다 브로흐 등의 여학생들도 이 집에 거주했다.

루쥐차는 밀레바와 이 여학생들을 서로 알게 해주었고, 밀레바는 루쥐차에게 자기의 동료들을 모두 소개해주었다. 그래서 종종 유쾌하게 모이는 자리가 생겼다. 이런 자리에서 슬라브인들의 영혼의 폭은 서로를 인간적으로 이해하는 데 많은 도움을 주었다. 그들은 기쁨과 고통을 나누었고, 악기를 연주하고 노래를 불렀으며, 종종 마음이 상해 화해할 수 없을 정도로 논쟁을 벌였고, 여름이나 겨울에는 산으로 소풍을 가기도 했다. 밀레바는 여름에 탐부리차(만돌린 비슷한 세르비아, 크로아티아의 현악기 – 옮긴이)를 갖고 다니면서 차가운 구릉에 앉아 고향의 노래를 부르고 연주하곤 했다. 겨울에는 썰매를 타고 스케이트를 지쳤다. 그 다음에 마시는 따뜻한 차는 정말로 기분을 좋게 해주었다. 그리고 얼었던 손이 녹으면 악기를 연주하기 시작했다.

나이가 가장 어린데다 여전히 어린아이의 티가 남아 있는 아인슈타인은 천부적인 예술가처럼 바이올린을 켜면서, 온몸의 신경을 동원하여 음악을 느꼈다. 연주하면서 숫자를 세느냐고 물으면, 그는 "아니, 그건 내 핏속에 있어"라고 대답했다. 이렇게 어울릴 때 아인슈타인은 기분이 좋아서 모차르트와 바흐의 음악을 연주하곤 했다. 재치와 솔직함 때문에 모두 그를 좋아하게 되었다. 그런데 때때로 아주 이상하기도 했다. 정신이 나간 것처럼, 다른 사람들의 눈에는 보이지 않는 어떤 것을 응시하곤 했기 때문이다. 정신을 차린 후에도 방금 무슨 일이 있었는지를 그는 알지 못했다. 처음에는 이런 '발작' 때문에 놀림을 받았지만, 나중에는 아무도 더 이상 주목하지 않았다.

카우플러의 다섯 자매 가운데 막내인 이다는 뮌헨에서 공부했고, 건축가 몸첼로 마스라치와 결혼했다. 그녀의 딸 마라 코르디치는 오랫동안 프랑스어 교사이자 번역가로 일했다. 밀레바를 미차 이모라고 부른 마라는 나중에도 미차 이모에 대해 정확히 기억하고 있었다.

미차 이모는 벨그라드에 있는 친구 집을 여러 번 방문했다. 대단히 재치가 있었고, 모인 사람들이 웃지 않고는 못 배기게 만들었다. 그러나 자기 자신에 대한 태도는 진지했다. 무언가 기쁜 일이 있으면 얼굴에 살짝 미소가 스쳤다. 미차 이모가 기뻐하는 모습은 보는 사람들을 유쾌하게 만들었고, 다른 사람들도 그 기쁨에 전염되었다. 그럴 때의 모습은 아름다웠다. 눈은 내적인 열정으로 가득 차 반짝였다. 명랑함으로 자신과 주위에 있는 모든 것을 밝게 만들었다. 놀랍도록 아름다운 음성을 갖고 있어서 목소리를 잊어버릴 수 없을 정도였다.

1929년에 아돌피네의 딸 스타나 코샤닌은 여섯 달 동안 취

취리히 소재 스위스 공업전문학교의 물리학 연구소(1905년경)

리히의 미차 이모 집에 손님으로 묵었다. 테테는 그 당시 군복무 중이었고, 미차 이모는 아들의 소총을 닦아주었다. 이 장면을 보고 스타나는 매우 놀라워했다.

1938년 미차 이모는 벨그라드에 있었다. 우리는 그 당시 헬레나 이모에게 갔다. 그때 헬레나 이모는 자기가 보는 모든 신문들 중에서 유머러스한 신문 '예쥐'(고슴도치)가 가장 좋다고 말했다. 그 이유는 벨그라드에서 무슨 일이 벌어지는지 가장 믿을 만하게 알려주는 게 바로 이 신문이기 때문이라고 했다.

1년 후에 아인슈타인이 벨그라드에 오기로 되어 있었다. 그를 위해 방을 정리했는데 오지 않았다. 아마도 정치적인 상황 때문이었던 것 같다.

알베르트 아인슈타인은 상인 가문 출신이었다. 유쾌한 쾌락주의자인 부친 헤르만은 처음에는 울름에, 그 다음에는 뮌헨에 전기 공장을 갖고 있었다. 알베르트가 한 살이었던 1880년에 이들 가족은 뮌헨으로 이주했다. 음악적 재질이 뛰어난 어머니 파울리네는 뷔르템베르크 궁정 납품업자 코흐-베른하임의 딸이었다. 많은 사람들이 훗날 알베르트에게 누구로부터 재능을 물려받았느냐고 묻자 이렇게 대답했다.

"나는 특별히 재능이 있지는 않아요. 다만 몸살 날 정도로 호기심이 많을 뿐이에요. 이것으로 더는 유전을 문제 삼지 않겠죠."

그가 세 살도 안 되어 숫자를 세기 시작했을 때 여동생 마야가 태어났다. 이들 남매는 부모의 유일한 혈육이었다.

헤르만의 동생 야콥은 엔지니어였고, 발전기와 전기 측정장치를 생산하는 공장을 경영했다. 야콥은 뮌헨에서 형 헤르만과 회사를 차린 후 공동으로 경영했다. 형제는 함께 살기도 했는데, 야콥은 호기심이 많아서 아주 상이한 질문을 줄기차게 해대는 조카 알베르트를 특히 예뻐했다. 이런 숙부가 꼬마의 성장에 영향을 미친 것은 물론이다. 어린 조카에게 수학교재를 주고 물리학에 대한 흥미를 처음으로 일깨워준 사람도 숙부였다. 조카와 산책을 하면서 숙부는 마치 자기 자신과 대화하는 것처럼 많은 이야기를 나누었다. 한번은 알베르트의 질문에 숙부가 크게 놀란 적이 있다.

"대수가 뭐예요?"

숙부는 크게 웃으며 이렇게 대답했다.

"재미있는 학문이란다. 만약 우리가 사냥할 때 들짐승을 금세 찾을 수 없으면, 그것을 X라고 부르고 결과가 나올 때까지 그것을 추적하는 거란다."

나중에 야콥은 알베르트에게 슈피커의 《평면 기하학》을 선물했고, 어린 꼬마는 이 책을 매우 흥미롭게 읽었다. 다섯 살 때 한번은 아파서 누워 있었는데, 아버지가 시간을 재미있게 보내라고 나침반을 가져다주었다. 알베르트는 이 나침반에 얼마나 매혹되었는지 죽을 때까지 기억했다. 이 아이는 나침반 안에 놀랍도록 신비한 힘이 들어 있다고 느꼈다. 세상은 그 어떤 인간적인 힘보다도 나침반의 힘에 의해 안전하게 인도된다고 여겼다.

아버지는 꼬마에게 아름다운 문학의 세계를 알게 해주었고, 어머니는 음악에, 숙부는 수학과 자연과학의 세계에 눈을 뜨게 해주었다. 알베르트는 뮌헨에 있는 가톨릭 초등학교를 다니기 시작했고, 그곳에서 가톨릭 종교수업을 받았다. 그후 루이트폴트 김나지움에 입학했는데, 이때의 기억은 특히 불쾌하게 남았다. 알베르트가 볼 때 기하학의 분명하고도 확실한 정리가, 억지에 가깝고 검증되지 않은 주장들을 공부하는 것보다 훨씬 더 의미 있었다. 숙부의 지지를 받고서, 학교의 요구보다는 자신의 개인적인 정신적 성향을 더욱 따르기 시작했다. 학교에서 라틴어 선생은 알베르트가 결코 반듯한 사람이 되지 못할 거라고 예언했다.

공장의 사정은 여의치가 않았다. 경쟁이 생긴 것이다. 가족은 다른 곳에서 성공을 꾀하기 위해 파비아로 이주했다. 알베르트는 뮌헨에 남아 대학입학자격시험을 치러야 했다. 그러나 알베르트도 학교도 더는 서로를 참아줄 수가 없었다. 그래서 알베르트는 떠나기로 결심한다. 학교선생들 중 한 명은 알베르트에게 정말로 좋은 생각을 했다고 말해주기까지 했다. 그가 학급에 있는 것만으로도 다른 학생들의 규율을 망치게 되기 때문이라는 것이었다.

이렇게 해서 알베르트는 대학입학자격시험도 보지 않은 채 부모가 있는 이탈리아로 갔다. 마음만큼은 무척 편했다. 그리고 이탈리아에서 볼 수 있는 수많은 예술적인 업적들에 열광했다. 그러나 영락한 집안은 무척 어려웠다. 그래서 학교교육을 빨리 마쳐야 한다는 생각이 몹시 간절해졌다.

알베르트는 취리히에 있는 공업전문학교에 진학하려고 시도하지만 입학시험에서 떨어지고 만다. 그 다음에 아라우에 있는 유명한 주립학교에 등록한다. 그곳에서 학교도 즐거운 곳일 수 있다는 것을 처음으로 발견한다. 뮌헨에서부터 그때까지 누적된 상당한 양의 공부 부족도 메울 수 있게 되었다. 그러나 부모는 아들을 더 이상 경제적으로 돌볼 수가 없었다. 그 사이에 밀라노에서 사업을 벌였던 것이다. 게누아에서 온 숙모가 공부가 끝날 때까지 매달 100프랑씩 보내주겠다고 약속했다. 이렇게 해서 알베르트는 취리히로 다시 오게 되었고, 공업전문학교의 VI A 학과에 운 좋게 등록할 수 있었다.

밀레바와 알베르트 두 사람은 유년기부터 같은 의문을 갖고 대답을 알아내기 위해 끈질기게 물고 늘어졌다. 두 사람은 교재나 강의를 통해 그 해답을 찾았으나 소용이 없었다. 그래서 함께 헬름홀츠, 맥스웰, 볼츠만, 헤르츠 등을 공부하기 시작했다.

밀레바는 동유럽 출신의 다른 여학생들과 마찬가지로 공부에만 감각이 있었고, 남자들의 시선을 끄는 재능은 거의 없었다. 시간이 흘러 알베르트는 검은머리의 세르비아 여학생에게 점점 더 관심을 갖게 되었다. 그녀는 물리학 연구소 실험실에서 알베르트와 같은 조였다. 처음에 밀레바는 알베르트의 관심에 개의치 않았다.

밀레바와 함께 갈 콘서트나 오페라의 싸구려 좌석표라도 사기 위해 알베르트는 식대를 절약해 돈을 마련했다. 그는 자기 판타지에 불을 붙인 음악에 다시 실려가고 있다고 느꼈다. 그 다음날에는 밀레바 앞에서 머리에 떠오른 아리아를 바이올린으로 연주했다. 연주를 듣고 밀레바는 알베르트에게 이렇게 말했다.

"물리학만큼이나 음악에도 재능이 있으신 것 같네요."

뉴턴의 전기를 읽은 후, 알베르트가 밀레바에게 물었다.

"뉴턴의 결론 중 몇 개는 틀리다는 걸 생각해보셨나요?"

밀레바는 마치 알베르트가 온당치 않은 질문이라도 한 것처럼 그를 바라보고는 이렇게 다시 물었다.

"뉴턴이 어디에서 틀렸나요?"

"그러니까 뉴턴은 종종 자기가 법칙이라고 부르는 것에 대해 어떤 증명도 하고 있지 않는 것처럼 보여요. 뉴턴은 그저 '그래 그거야!'라고 말하죠. 그 속에 어쩌면 뉴턴이 전혀 알지 못하는 어떤 것이 있다면요?"

알베르트는 자신의 모든 숙고와 의심에 대해 밀레바의 판단을 구했다. 그가 보기에 밀레바는 현혹되지 않을 뿐더러 틀림이 없었기 때문이다.

　공업전문학교의 마지막 학년 때 두 사람의 우정은 더욱 깊어졌다. 그러나 알베르트가 결혼에 대해 말했을 때에도 밀레바는 다가가기 어려운 상대였다.

　결혼에 대해 이야기를 나눈 후 밀레바가 말문을 열었다.

　"제가 언제 결혼할지 전혀 모르겠어요. 여자도 남자처럼 직업적인 성공을 거둘 수 있다고 생각해요."

　"그렇다면 '여자에게 부엌, 자녀, 교회를' 이라고 한 독일 황제의 말에 동의하지 않으시겠네요?"

　"물론 아니죠."

　밀레바의 까만 눈이 번쩍 빛났다.

　"나는 나 자신 역시 남자 동료들만큼 자질 있는 물리학자라고 생각해요."

　그녀의 말에 알베르트가 이렇게 덧붙였다.

　"그 어떤 남자 물리학자보다 훌륭하죠. 훨씬 낫고말고요."

　밀레바는 알베르트와 함께 위대한 물리학자들을 공부하고 싶다는 열렬한 소망을 갖게 된다. 그들은 많은 부분을 함께 했다. 알베르트는 애초부터 모임에서 생각하는 것을, 좀더 정확히 말하면 자기의 생각들을 말로 내놓음으로써 보다 분명히 하는 것을 좋아했다. 그는 평생 자신의 고유한 이념을 공고하게 해줄 반응을 찾았다. 반면 밀레바는 과묵했고 나서지 않았다. 그리고 아인슈타인은 그것을 알아채지 못했다.

밀레바와 아인슈타인 두 사람은 전공 필수 강의와 실습에 함께 참여했지만, 읽어야 할 책들에 대해서는 조금도 걱정하지 않았다. 전공과 관련하여 읽어야 할 필독서의 목록은 다음과 같았다.

- 아돌프 후르비츠 : 《미적분 연습》《미분방정식》
- 빌헬름 프리들러 : 《제도방정식 연습》《사영기하학》
- 알빈 헤르촉 : 《역학 연습》
- 칼 프리드리히 가이저 : 《분석기하학》《행렬식》《무한소기하학》《기하학의 불변성이론》
- 헤르만 민코프스키 : 《기하학적인 수》《함수이론》《가능이론》《타원형 함수》《분석역학》《변분계산》《대수》《국부 미분방정식》《분석역학의 활용》
- 페르디난트 루디오 : 《정수론》
- 아르투르 히르슈 : 《소정의 적분이론》《일차 미분방정식》
- 쟝 페르네 : 《물리학 연습 안내》《초보자를 위한 물리학 연습》
- 하인리히 프리드리히 베버 : 《물리학 법칙들》《전기공학 장치 및 측정방법》《전기진동》《전기공학 실험》《물리학 실험실에서 과학적 작업》《전기공학 입문》《교류(交流)》《교류시스템 및

교류엔진》《절대 전기측량 시스템》《교류이론 입문》

· 알프레트 볼퍼 : 《천체물리학 입문》《천문학 입문》《천체역학》
《지리적 위치 결정》《천문학 연습》

· 아우구스트 슈타들러 : 《과학적 사유 이론》

밀레바 마리치와 아인슈타인의 학적부에 기록된 점수

1896/97	밀레바 마리치		알베르트 아인슈타인	
후르비츠, 미적분	4.5	4.5	4.5	5
가이저, 분석기하학	4.5		5	
프리들러, 제도기하학	4.5	4	4.5	4
프리들러, 사영기하학		3.5		5
헤르촉, 역학		4.5		5
1896/97				
후르비츠, 미분방정식			5	
베버, 물리학		5	5.5	5
프리들러, 사영기하학			4	
1898/99				
페르네, 물리학 연습	5		1	
베버, 물리학 실험		5		5
볼퍼, 지리적 위치 결정		5		4.5
1899/1900				
베버, 물리학 실험	6	5	6	5
프리들러, 위치의 기하학	5			

밀레바는 선택 과목으로 중심 투영(프리들러), 심리학 개요(슈타들러), 식물 연구 여행(칼 슈뢰터), 암석의 지질학 및 인간의 태고사(알베르트 하임), 경제학 기초이론(율리우스 플라터), 중세와 종교개혁 시대의 스위스 문화사(빌헬름 왹슬리) 등을 들었다. 알베르트는 프리들러, 하임, 플라터, 왹슬리 등에게서 밀레바와 같은 강의를 들었고, 그 외에도 외부 탄도학(가이저), 칸트 철학(슈타들러), 괴테(로버트 자이취크), 금융 및 주식회사와 수입 분배, 그리고 자유경쟁의 사회적 결과(플라터), 통계학과 개인보험의 수학적 토대(렙슈타인), 스위스의 정치(왹슬리) 등을 수강했다.

공부와 실습에서 밀레바는 대단히 적극적이었고 인내심도 많았다. 그래서 아인슈타인과 공동작업할 때, 동요하고 불안정한 그의 작업 열의를 차분하게 만드는 데 도움이 될 수 있었다. 일단 말을 시작하면 그녀는 솔직하고 힘있게 말을 했으며, 확실한 근거가 있다는 자신감을 지녔다. 그녀의 이런 점은 아인슈타인에게 강한 인상을 주었다. 그는 밀레바의 풍부한 지식에 대해 매우 놀라워했다. 이처럼 많은 것을 알고 있는 여학생을 본 적이 없었다. 그는 여자들의 약점을 보완해주고 지지해주는 데 익숙해 있었다. 예를 들면 코브노 출신의 마르가레테 폰 윅스퀼의 경우를 들 수 있다. 생물학을 공부하는 마르가레테는 연습문제를 풀지 못할 때마다 심하게 울었다. 그러면 알베르트가 그녀 대신 연습문제를 풀었고, 정답을 넘겨주었다. 그는 춤이든 음악이든 소풍이든 부담 없는 대화든 여학생들과 어울리길 좋아했다.

알베르트는 밀레바에게서 자신과 동등한 진지한 동료를 발견했다. 수학도 함께 공부했는데 밀레바는 심지어 그보다 우수하기까지 했다. 알베르트는 수학이 여러 특수 영역들로 나뉘는데, 그 영역들 각각 필생의 작업을 요구한다고 보았다. 그래서 밀레바가 하는 수학 공부는 자잘한 것들이라고 무시했다. 이 점에 대해 그는 이렇게 밝혔다.

"나는 가득 쌓인 건초 앞에서 어떤 더미를 선택해야 할지 결정하지 못하는 당나귀 같은 처지에 있었다. 나의 직관력은 수학에서 충분히 강력하게 작동하지 않아서 근본적으로 중요한 것, 그러니까 본질적인 것을 다소 불필요한 박학다식과 구분하지 못하게 된 것이다."

그에 반해 밀레바는 이러한 직관을 갖고 있었고, 수학을 착실하고 체계적으로 공부했다. 그녀는 깊이 파고들어 많이 공부했다. 사상적 깊이가 있는 그녀의 견해, 주어진 문제를 철저하게 파고드는 태도, 문제를 간단하고도 우아하게 풀어내는 능력 등은 알베르트의 마음을 끌었다. 이런 점에서 그녀는 알베르트의 버팀목이었다. 그는 밀레바가 필요했다. 그녀가 없었다면 그는 앞으로 나아간다 하더라도 무척 더디었을 것이다.

날이 갈수록 공동작업은 알베르트에게 더욱 절실해졌다. 그는 언제나 밀레바와 함께 있으려고 했다. 두 사람의 성격은 매우 달랐다. 밀레바는 자신이 원하는 것을 잘 알고 있었고, 줄기차게 목표를 향해 나아갔다. 반면 알베르트는 우유부단했고 현실보다는 꿈속에서 살았으며, 다른 사람들의 영향을 받기가 쉬웠다.

한동안 알베르트의 생활은 전적으로 밀레바의 뜻에 좌우되었고, 그의 연구도 밀레바의 노력으로 이루어졌다. 밀레바는 자신의 감정이 우정의 차원을 넘어서기 시작했음을 깨닫게 되었을 때 이별을 통해 그 감정에 대해 확실히 알고자 했다. 살면서 항상 그랬던 것처럼 그녀는 무엇보다도 자기 자신과 담판을 지으려고 했다. 그녀의 감정은 갈수록 증폭되었고, 알베르트의 존재 때문에 혼란스러웠다. 어쩌면 그의 존재가 기쁨을 많이 주었을 수도 있다.

1897년 10월 5일, 밀레바는 공업전문학교를 자퇴하고 독일로 여행을 떠나 하이델베르크대학에 등록한다. 새로운 환경에서 수학에 빠져들었던 감정을 잊으려고 했다. 감정들로부터 벗어나려 한 것은 그 감정들이 너무 뜻밖에도 자신의 인생항로에 어긋나기 때문이었다. 밀레바는 체념할 수 있는 능력을 시험했고, 더욱 열심히 공부하기 시작했다. 학과 강의뿐 아니라 음악 수업도 부지런히 찾아다녔다.

하지만 삶에서 처음으로 죽을 것 같은 공허함을 느꼈다. 이처럼 고독하게 지내면서 이번에는 자신이 감정을 이기지 못할 것임을 깨닫는다. 아인슈타인은 그녀의 삶과 가슴에 이미 중요한 자리를 차지했고, 그의 사람됨 외에 그녀에게 중요한 것은 없었다. 그때까지만 해도 밀레바는 목표를 자기 자신 안에서 찾았었다. 그런데 이제 그녀의 내면세계가 심하게 흔들렸고 목표도 다른 곳에 있었다. 그녀 혼자서는 더 이상 아무것도 아니었다. 사랑하는 사람에 의해서만 계속 살아갈 수 있을 뿐이었다.

그녀의 개성은 모든 의미를 잃고 말았다. 사랑은 마치 허리케인처럼 그녀의 모든 야망, 어린 시절부터 품었던 모든 꿈을 싹 쓸어갔다. 이제는 오직 있는 힘을 다해 아인슈타인의 능력을 계발하여 그녀가 일찍이 자신에 대해 열망했던 위대한 인물로 만드는 데 도움이 되기만을 바랐다. 자신의 감정을 이길 수 없음을 알게 된 밀레바는 1898년 2월 취리히로 돌아간다.

아인슈타인은 자신의 외모에는 관심이 없었다. 긴 머리는 종종 빗지 않아 헝클어져 있었고, 옷과 구두는 아무렇게나 걸치고 매듭도 제대로 매지 않기 일쑤였다. 그래서 밀레바의 여자친구들은 아인슈타인과 공개석상에 함께 나타나기를 싫어했다. 이런 결점이 밀레바에겐 전혀 보이지 않는 것 같았다. 그가 머리가 대단히 좋고 명랑한 천성을 가진 착하고 아름다운 젊은이라는 사실만 금세 알아챘기 때문이다. 여학생들은 아인슈타인의 칠칠치 못한 점만을 트집 잡아 헐뜯었고, 설상가상으로 쟝 페르네 교수마저 아인슈타인에게 물리학을 그만두라고 소리치며 이렇게 말했다.

"물리학 공부는 무척 어렵습니다. 학생에게 부족한 것은 근면과 선한 의지가 아니라 바로 지식입니다. 차라리 의학이나 법학 또는 문학을 공부하지 그랬어요?"

교수의 말에 아인슈타인은 이렇게 대답했다.

"저는 그런 학과에 대한 재능은 정말 없습니다. 왜 제가 물리학 공부를 시도조차 해서는 안 되나요?"

"젊은이, 학생이 원하는 것처럼 자신의 관심사에만 빠져 있지 말라고 경고하려는 것이었소."

아인슈타인의 대단한 재능을 의심하지 않은 사람은 오직 밀레바뿐이었다. 또한 그녀는 아인슈타인처럼 비범한 능력을 지닌 사람은 지속적인 자극을 필요로 한다는 사실을 알고 있었다. 아인슈타인이 자신의 내부에서 나오는 힘만으로는 오래도록 일을 할 수 없었기 때문이다. 밀레바는 아인슈타인이 끈기 있게 일을 할 수 있게 해주는 정신적인 원동력이었다. 그리고 그도 이 점을 알고 있었다. 그녀의 집요한 독창성을 알아보았기 때문이다. 낙담시키는 훈계들을 듣고도 아인슈타인은 자신의 소명이나 진리의 승리에 대해 확신을 갖고 명랑하게 자기의 길을 갔다. 그 자신보다 밀레바가 그를 더 많이 믿었기 때문이다. 아인슈타인은 그녀의 판단을 무엇보다도 중시했다. 그리고 그 때문에 연구 작업의 의지를 강하게 할 수 있었다.

전기적인 기록들에서 아인슈타인은 다음과 같이 적고 있다.

나는 제멋대로인데다 보잘것없는 젊은이로, 중요한 사안에 대한 지식들을 독학을 통해 얻었지만 결함투성이였다. 깊이 이해하고자 하는 갈망은 크지만 이해하는 데에는 재능이 별로 없었으며 기억력도 좋지 않았기에, 내게 공부는 결코 쉬운 과제로 보이지 않았다. 나는 중간 정도 가는 학생으로 만족해야 한다는 사실을 금세 알아챘다. 좋은 학생이 되려면 쉽게 파악할 수 있는 능력이 있어야 했다. 자신에게 일어나는 모든 것에 기꺼이 온 힘을 집중할 수 있어야 했다. 또 강의 때 들은 것을 노트에 잘 적고 성실하게 정리할 수 있을 만큼 정돈하는 것을 좋아해야 했다.

이런 모든 특성들이 내겐 근본적으로 부족했다. 그것은 유감스러운 일이었다. 그래서 나는 점차 어느 정도 양심의 가책을 느끼며 평화롭게 살아가는 법뿐 아니라, 내가 지적으로 소화 가능한 양과 관심사에 상응하는 만큼만 공부하는 법을 배웠다. 몇몇 강의들은 매우 흥미를 느끼며 따라다녔다. 그러나 그렇지 못한 강의들은 게으름을 피우며 빼먹기 일쑤였고, 집에서 이론물리학의 대가들을 무척 열심히 공부했다. 이것은 그 자체로 좋았으며, 양심의 가책을 효과적으로 완화시키는 데에도 도움이 되어 정신적인 균형이 어떤 식으로든 민감할 정도로 방해받지는 않았다. 독학에 많은 시간을 쓰는 것은 과거의 습관이 그저 계속되는 것에 불과했다.

　이렇게 혼자서 하는 공부에 세르비아 출신의 여학생 밀레바 마리치가 함께 했다. 나는 훗날 그녀와 결혼을 했다. 그러나 나는 베버 교수의 물리학 실험실에서는 열정적으로 작업했다. 무한소 기하학에 관한 가이저 교수의 강의도 내 마음을 사로잡았다. 그 교수의 강의들은 수업 방식에 있어서는 가히 압권이었고, 나중에 내가 일반상대성이론을 연구할 때 많은 도움을 주었다.

　그러나 그밖에는 학창시절 고등수학에 흥미를 느끼지 못했다. 그릇되게도 나는 고등수학을, 자신의 에너지 전부를 동떨어진 영역에서 쉽게 탕진할 수 있을 정도로 분기된 영역이라고 여겼다. 또한 순진하게도 물리학자는 근본적인 수학적 개념을 분명히 파악하고 활용할 준비가 되어 있으면 족하고, 그 나머지는 물리학자에게 비생산적인 자잘한 것들이라고 생각했다.

　나는 이런 생각이 유감스럽게도 오류임을 한참 후에야 파악했다. 나는 중심적이고 근본적인 것을 주변적인 것, 그러니까 원칙적으로 중요하지 않은 것과 구분할 수 있을 만큼 수학적 재능이 충분했던 것은 분명 아니었다.

　두 사람은 물리학 공부에서 교수들의 권위가 아니라 자신이 곰곰이 숙고한 것을 따랐다. 그들은 순전히 경험적으로가 아니라 생각한 것과 관찰한 것을 비교함으로써 비로소 발견할 수 있는 자연의 진리를 인식하겠다는 뜻을 갖고 있었다. 밀레바는 베버 교수, 페르네 교수와 함께 물리학 실험실에서 독자적인 실험을 했고, 서로 다른 현상들 사이에 존재하는 비가시적인 연결을 찾았다.

편집자의 추언

1987년 아인슈타인의 전집 중 제1권이 출간되었다(The Collected Paper of Albert Einstein. Volume 1: The Early Years, 1879~1902. Editor: John Stachel, Princeton University Press 1987). 이 전집에는 아직 얻을 수 있는 삶에 관한 모든 기록들, 그중에서 가장 중요한 문헌인 아인슈타인의 서신도 포함될 것이다. 제1권을 위해 추가 조사를 행할 때 장남 한스 알베르트 아인슈타인의 유고에서 부모가 주고받은 편지가 나왔다. 아인슈타인의 전기를 예전에 읽은 독자라면 알아채고 느꼈을 결함을 이 편지를 통해 메울 수 있게 되었다. 밀레바가 하이델베르크대학에서 보낸 1897/98년 겨울학기에 이 편지들을 대입해보면, 서신 교환이 1902년 초까지, 즉 아인슈타인이 특허청에 취직하고 베른의 샤프하우젠으로 이사할 때까지 전집 제1권의 내용을 관통하게 됨을 알게 된다.

　　이 서신은 안타깝게도 완벽한 형태로 남아 있지 않다. 아인슈타인이 보낸 편지는 마흔한 통이 남아 있는 반면, 밀레바의 편지는 겨우

열 통에 불과하다. 밀레바 전기의 입장에서 볼 때 편지의 적은 숫자는 발굴의 가치를 상당히 떨어지게 한다. 그러나 그 편지들 중에는 밀레바의 개인적인 면모를 잘 보여주는 게 몇 통 있다.

밀레바는 1897년 10월 20일 하이델베르크에 도착한 것 같다. 어쨌든 그녀의 이름이 그 다음날 숙박인 명부에 적혀 있기 때문이다. 처음에는 유명한 호텔 '리터'에 묵었고, 그 다음에는 플뢰크 57번지에 있는 집에 하숙했다. 그것은 바덴 지방의 '저지연구기금'으로 지어진 저택이었다. 취리히에서와는 달리 독일에서 가장 오래된 대학인 유명한 루페르토-카롤라대학은 아직 여학생에게 문호를 개방하지 않은 상태였다. 여학생인 밀레바는 등록을 할 수 없었다. 강의를 들으려면 수강하고 싶은 교수마다 찾아가 특별 허가 증명서를 받아야 했다.

밀레바는 당시에 가장 중요하고 성공적인 수학 선생 칼 쾰러(정수론), 레오 쾨니히스베르거(분석역학, 적분 선집, 타원방정식, 수학 기초 세미나), 첫번째 노벨 물리학상(1905) 수상자이자 훗날 아인슈타인의 상대성이론의 적대자로 대단히 민족주의적인 '독일 물리학'을 선포했던 실험물리학자 필립 레나르트(열 이론, 전기역학) 등의 강의를 듣기 위해 특별 허가증명서를 얻어냈다. 이 당시를 보여주는 가장 중요한 자료는 밀레바가 아인슈타인에게 보낸 첫번째 편지이다. 날짜가 적혀 있진 않지만, 10월 말 이전에 썼다고 볼 수는 없다.

밀레바 마리치가 하이델베르크에 도착하여 묵은 호텔 리터 장크트 게오르크

당신의 편지를 받은 지 꽤나 오래되었네요. 진작 답장을 써서, 네 쪽에 걸쳐 쓴 당신의 헌신적인 편지에 감사를 표하고 싶었는데 말이에요. 또 우리가 함께 한 소풍에서 당신이 내게 준 기쁨에 대해서도 조금이라도 표현하고 싶었어요. 그런데 내게 지루하면 편지를 쓰라고 하셨죠. 그리고 나는 매우 말을 잘 듣잖아요(배히톨트 양에게 물어보면 아실 거예요). 그래서 지루해질 때까지 기다리고 기다렸답니다. 그러나 오늘까지 그 기다림은 소용이 없었어요. 어떻게 시작해야 좋을지 정말 모르겠어요. 영원히 기다릴 수도 있답니다. 하지만 그러면 당신이 날 미개한 여자라고 여기는 게 맞을 테고요. 그리고 제가 편지를 쓴다면 다시 양심의 가책을 받을 거예요.

당신이 이미 하셨듯이, 지금 사랑스런 넥카 계곡의 독일 상수리나무들 밑을 거닐고 있습니다. 넥카 계곡은 지금 안타깝게도 부끄러운 듯 안개 속에 자신의 매력을 숨기고 있답니다. 멀리 내다볼 수 있지만 내 눈에는 무한처럼 적막하고 암담한 것만이 보일 뿐입니다.

인간이 무한한 것을 잡을 수 없는 게 인간의 두개골 구조의 탓이라고는 생각하지 않습니다. 어린 시절 아이들을 그렇게 잔인하게 땅바닥이나 작은 둥지, 혹은 좁다란 네 개의 벽에 가두기만 할 게 아니라 세상 밖에서 조금 산책이라도 할 수 있게 한다면,

인간은 무한한 것을 잡을 수도 있을 거라고 확신해요. 그때 인간은 무한한 행복과 무한한 공간을 붙잡을 수 있을 거예요. 그게 틀림없이 훨씬 더 쉬울 거라고 생각해요. 그리고 인간들은 아주 영리해요. 인간들이 이미 행한 모든 것을 다시 하이델베르크 교수들에게서도 보고 있으니까요. 아빠가 담배를 가져다주셨어요. 그걸 당신에게 전해주라고 하셨어요. 그걸로 당신의 입에 군침이 돌게 된다면 기뻐하실 거예요. 아빠께 당신에 대해 말씀드렸거든요. 한번 함께 ……해야 할 거예요.

산림감독관이 된 사람이 쟁어 씨 맞나요? 그 가련한 사람이 깊은 사랑의 한숨을 돌리기 위해 낭만적인 스위스 산림에서 쉬려고 한다죠. 하지만 그가 지금 이 순간에도 사랑에 빠질 필요가 있다는 것은 당연한 일입니다. 그것은 벌써 아주 오래된 이야기여서 전부 다 알지는 못해요. 그걸 다 알려면 평생 이렇게 앉아서 귀를 기울여야겠죠. 그러면 알아낸 것을 전부 다른 사람에게 전해줄 수 있을 거예요.

참, 어제 레나르트 교수의 강의는 정말 멋졌어요. 교수님은 지금 기체 동력학 열 이론에 대해 말하고 계세요. 그러니까 산소 분자가 1초에 400미터의 속도로 움직이며 다가오고 있는 거예요. 그러고서 그 훌륭한 교수님이 계산하고 또 계산하여 미적분 방정식을 내놓고 대입시켰는데, 마침내 이 분자가 그 속도로 움

직이긴 하지만 지나간 거리가 머리카락 한 올 두께의 100분의 1
에 불과하다는 결론이 나왔어요.

아인슈타인은 밀레바에게 보낸 첫번째 편지(1898년 2월 16일)에
서 그녀를 ‘가출한 꼬마 숙녀’라고 불렀다. 이것은 밀레바가 그에게
한마디 말도 없이 갑자기 떠날 결심을 했다는 것을 암시한다. 밀레바
는 아인슈타인에게 보내는 첫번째 편지에서, 자신이 이제 하이델베르
크에 있다는 것을 아인슈타인이 “벌써부터 알고 있었다”고 밝힌다.

그 다음에 어떻게 다시 취리히로 돌아갈 결심을 하게 되었는지에
대해서는 밀레바가 아인슈타인에게 직접 전하고 있다. 그리고 아인슈
타인은 그녀에게 가능한 한 빨리 오라는 충고를 한다.

연애, 편지, 그리고 임신

밀레바는 하이델베르크에서 돌아와 배히톨트 집에서 잠시 머문 후 최종적으로 엥겔브레히트 기숙사로 이사했다. 그 집의 4층에는 그녀의 친구들이 살고 있었다. 밀레바의 방은 5층이었다. 아인슈타인이 날마다 찾아왔다. 그래서 밀레바의 친구들은 두 사람 사이에 진지한 애정 관계가 생겼음을 알아챘다. 크루셰바치의 의사 파울 보타의 딸인 밀라나 보타는 부모와 편지를 교환했는데, 편지에서 일상을 상세히 보고했다. 그녀는 1898년 2월 24일 어머니에게 이렇게 썼다.

> 마리치가 자주 오곤 해요. 아주 좋은 아이이긴 한데, 너무 진지하고 말이 없어요. 아무도 그녀가 무척 영특한 사람이라고는 생각하지 못할 거예요.

밀레바와 알베르트가 사람들과의 접촉을 피한다는 것을 누구나 알 수 있었다. 한번은 남학생 하나가 밀레바가 다리를 저는 것을 슬쩍 비꼰 적이 있다.

"나라면 몸이 온전치 못한 여자와 감히 결혼하려고 하지는 못할 거야."

그 말을 듣고 알베르트는 대답을 회피하면서 이렇게 말했다.

"그녀는 목소리가 무척 아름다워."

알베르트는 이 말만 하고 더는 개의치 않았다.

배히톨트 집에서는 이 특이한 청년이 자주 방문하는 것을 좋아하지 않았다. 그래서 밀레바는 엥겔브레히트 기숙사로 이사하고 싶었지만, 방이 빌 때까지 기다려야 했다. 자주 그 기숙사를 드나들면서 좋은 느낌을 받았다. 게다가 그곳이 더 따뜻했다. 1898년 3월 12일자 편지에서 밀라나 보타는 어머니에게 이렇게 쓰고 있다.

15분 전에 우리는 간식을 먹었어요. 나는 우유를, 루쥐차와 마리치는 밀크커피를 마셨어요. 맞아요. 오늘 아침에도 마리치가 왔어요. 방을 찾을 때까지 루쥐차 방에서 머물고 있어요.

마리치는 아주 좋은 아이 같아요. 또 무척 똑똑하고 진지해요. 작고 여리고 갈색 피부에 그다지 예쁘진 않은데, 말을 무척 정확하게 해요. 그리고 다리를 약간 절긴 하지만 행동거지는 아주 단정해요. 여기서 그녀의 모습을 볼 수 있어요. 나는 그녀가 와서 무척 기뻐요. 우리가 삼중창을 하면 아주 즐거울 거예요.

이 명랑한 여학생과 함께 있으면 밀레바는 힘든 공부 때문에 생긴 스트레스가 풀렸다. 밤을 새기 일쑤였고, 책 속에 파묻혀 새벽의 먼동을 맞이할 때도 종종 있었다. 새벽이 밝아오면 외투를 입고 있어야할 정도로 추운 방의 창문을 열고 한두 시간 정도 잠을 청하고는 물리학 연구소를 향해 가파른 길을 서둘러 갔다. 겨울이면 이 길이 꽁꽁 얼었지만 그녀는 개의치 않고 다녔다. 심리학 연구소에서 따뜻한 차 한잔을 마시며 동료들과 잡담하고, 게다가 알베르트와 함께 있게 될 것이기 때문이었다.

밀라나는 3월 18자 편지에 이렇게 적고 있다.

마리치는 거의 이틀에 한번씩 와요. 지금도 틀림없이 공부하고 있을 거예요. 여기에 재미있는 불가리아 남학생이 살고 있는데, 우리는 그 남학생 흉내를 내면서 무척 많이 웃었어요.

그리고 4월 23일자 편지에는 이렇게 적혀 있다.

우리는 마리치와 한참을 같이 있었어요. 그녀는 정말 내 마음에 들어요.

드디어 기숙사 5층에 빈방이 하나 나오게 된다. 계단을 많이 오르내려야 한다는 게 버거운 일이었지만, 그래도 방이 나왔다는 사실만으로 밀레바는 감격했다. 그녀는 같은 길거리에 있는 74번지에서 50번지로 이사했다.

이 지역이나 사람들의 모임에 이미 익숙해 있던 터였고, 게다가 공업전문학교까지도 멀지 않았다. 다만 이 기숙사의 월세가 좀더 비쌌기 때문에 아버지에게 동의를 구했다. 아버지는 딸의 교육비 때문이라면 전혀 힘들지 않다는 것을 밀레바가 잘 알고 있을 거라는 말로 대답했다. 자신은 낭비를 싫어하니까 다른 데서 절약하면 된다고 했다. 하지만 딸이 배를 곯거나 추위에 떨어서는 안 될 일이라고 말해주었다. 그리고 밀레바는 오직 건강과 공부에만 신경 쓰면 되고, 학비는 아버지의 몫이라고 못을 박았다.

5월 21일 밀레바는 친구에게 알베르트를 소개시켜준다. 밀라나는 집에 보내는 편지에서 이 일에 대해 이렇게 말하고 있다.

이제 막 마리치가 나를 자기 남자친구에게 소개시켜주었어요. 그 남학생은 독일인이고 이름은 아인슈타인이에요. 바이올린을 무척 잘 켜서 예술가라고 해도 전혀 손색이 없을 정도예요. 나도 어떤 남자와 이렇게 음악을 함께 연주할 수 있으면 좋겠어요.

밀레바 마리치, 밀라나 보타, 루쥐차 드라쥐치

밀레바와 아인슈타인, 이 두 사람은 대개 밀레바의 방에 머물렀다. 함께 공부하면서 깊이 공감하게 되었고 서로에 대한 존경심도 키워나갔다. 밀레바는 아인슈타인보다 네 살 많았고, 그래서 처음에는 의지할 데 없어 보이는 동료 남학생을 안쓰러운 마음으로 거의 엄마처럼 돌보았다. 겸손하고 순진한 아가씨와 차림새가 단정치 못하지만 선량한 젊은이는 둘만으로 서로 충분했고, 사람들과 어울리는 자리를 점점 더 피하기 시작했다. 밀레바의 친구들은 두 사람의 새로운 애정관계가 시작되었기 때문에 친구들이 불필요하게 되었음을 알았다. 그때부터는 두 사람만 멀리 산책을 나갔고, 서로 감정을 자극하는 대화를 하면서 위틸베르크산에 올라 도시와 호수를 감상했다.

밀레바는 여름방학을 항상 노비사드에서 보냈다. 거의 언제나 가족들과 함께이거나, 아주 가까운 친구 데산카 타파비차와 함께 지냈다. 그녀는 집에서 어머니의 살림살이를 성실하게 도와주었다. 여동생과 남동생은 커다란 호기심을 갖고 낯선 곳에서의 생활에 대해 밀레바에게 꼬치꼬치 캐물었다.

학년 말인 1898년 7월 2일 밀라나는 가족에게 편지를 썼다.

마리치는 8월 초가 되어야 여행을 할 수 있어요. 그 애가 다니는 공업전문학교는 학기가 늦게 끝나거든요.

앞의 **79**쪽 사진 뒷면에 격언들이 적혀 있다. 우측 아래에 메모가 있다.
'플라텐슈트라세 **58** III, IV에서 함께 살았던 기억'

밀레바는 아버지와 마찬가지로 가능한 한 절약했다. 심지어 열차비도 아꼈다. 아무리 느리게 가더라도 목적지에 데려다주고, 그것도 반값인데 왜 급행열차를 타겠는가? 젊은이는 시간에 인색하지 않은 법이다. 밀라나는 1898년 7월 5일에 쓴 편지에서 밀레바와 여행을 하려면 7월 말까지 기다려야 하는데, 밀레바는 아마도 늘 이용하는 보통 열차를 탈 거라고 쓰고 있다.

또한 밀레바는 절약해야 한다는 이유로 옷을 직접 만들어 입었다. 바느질 솜씨도 요리 솜씨만큼이나 무척 좋았다. 그녀는 여자들이 하는 이 모든 일들에서도 자신이 다른 여자들 못지않게 잘할 수 있다고 자신했다. 1898년 11월 18일자 편지에서 밀라나는 어머니에게 자신이 손수 멋진 블라우스를 만들었다고 자랑을 늘어놓았다.

물론 미차가 재단을 했고, 만드는 방법도 전부 알려주긴 했지만 말이에요.

밀레바는 모든 일에서 대단히 솜씨가 좋았다. 노비사드 사람들은 진작부터 그녀에 대해 이렇게 말했다.

"그녀는 무엇을 보면 그것을 만들어내요."

친척 중 한 사람으로 벨그라드에 살고 있는 마리치 부인은 예전에 어떤 뜨개질 무늬 때문에 무척 고생했는데 주위 사람들 중 아무도 그 문제를 도와줄 수 없었다고 이야기한다. 그런데 그 무늬를 밀레바에게 보여주자 문제를 어떻게 풀어야 하는지 즉시 알아챘다고 한다.

강의가 끝나면 알베르트는 밀레바를 가파른 길 아래까지 동행한다. 두 사람은 일상과 미래의 계획 등 모든 것에 대해 이야기를 주고받았다. 알베르트는 빈 시간 대부분을 밀레바의 아늑한 방에서 우주의 문제와 자신의 계획들에 대한 깊은 생각에 잠긴 채 보냈다. 그동안 밀레바는 말없이 생각에 잠겨 있었다. 두 사람은 자연에서 벌어지고 있는 수많은 사건들이 물리학이 그때까지 파악하고 있는 것과는 일치할 수 없다는 견해에서만큼은 일치했다. 우주적 사건의 주체이기도 하고 전혀 모습을 드러내지도 않으면서 그렇다고 전적으로 부인할 수도 없는 에테르(전자파의 매질이라고 여겨지는 가상 물질 – 옮긴이)에 대한 문제를 제기하는 쪽은 밀레바였다. 알베르트는 이 문제에 다시 관심을 가졌고, 두 사람은 공동으로 그 해결책을 찾았다.

한편 당시 밀라나는 알베르트와 함께 악기를 연주했다. 이 때문에 불안을 느끼기 시작한 밀레바는 밀라나를 피하기 시작한다. 그러나 이런 기간은 잠시 동안에 불과했다. 밀레바는 알베르트에 대해 자신이 있었고, 또 밀라나의 마음이 다른 사람에게 가 있음을 알았기 때문이다.

그해 말, 밀라나의 어머니가 그 전에도 종종 그랬던 것처럼 취리히로 왔다. 밀라나의 어머니는 딸을 방문할 때마다 항상 맛있는 것들을 잔뜩 사들고 왔으며, 딸의 동료 친구들을 배불리 먹이곤 했다. 그래서 누구나 밀라나의 어머니가 오는 것을 기뻐했다. 알베르트도 미리부터 "보타 부인이 언제 오신다고?"라고 묻곤 했다. 밀라나의 여자친구들 중 어머니가 가장 좋아하는 여학생은 밀레바였다. 밀라나의 어머니는 현대적으로 사고하는 여성이었고 젊은이들도 잘 이해했다. 1년 전에는 취리히에서 남편인 파울 보다 박사에게 다음과 같이 썼다.

이틀 전에 쥬로와 크로아티아 여학생(파운코비치? 루쟈 샤이?)과 함께 아우쎄실에 있었어요. 그곳의 대형 강당에서 유명한 사회학자 아우구스트 베벨이 사회주의와 공산주의에 대해 강연을 했어요. 강당은 꽉 찼는데 1000명 정도가 모인 것 같아요. 연설이 끝난 후 베벨은 독일인들과 폴란드 사람들에게 떠밀려갔어요.
　　베벨의 연설을 듣다니, 정말 굉장했어요. 그 분은 수염과 머리가 은발이고, 부드럽고 수척했어요. 우리의 대부 라다(일리치?)가 있다면 기뻐했을 텐데 하는 생각을 했어요. 베벨은 부르주아지로 화제를 돌려 결론 삼아, 사회주의가 반드시 승리하고 미래는 사회주의자들의 것임을 확신한다고 말했어요.

밀라나의 어머니는 딸의 친구들을 전시회와 극장, 콘서트 등에 데려갔다.

1899년 4월 26일 밀라나는 이렇게 쓴다.

미차도 오래전부터 이곳에 있어요. 미차의 독일 남자친구도 함께 있어요. 미차는 내게 대단히 친절해요.

밀라나는 밀레바와 무척 가깝다고 느꼈다. 그래서 밀레바에게 속마음을 털어놓고 종종 조언을 구하기도 했다. 밀레바 앞에서 악기를 연주하기도 했으며, 모든 것에 대해 밀레바의 견해를 알고 싶어했다. 밀라나는 1899년 5월 13일자 편지에서 부모에게 다음과 같이 쓴다.

미차와 함께 있는 경우가 가장 많아요. 그렇지 않을 때에만 루자나 아다하고 지내요. ……공부하다가 좀 쉬고 싶으면 악기를 연주하거나 노래를 조금 해요. 그리고 수다를 떨고 싶을 때는 미차에게 가요. 그러면 시간이 어찌나 빨리 지나가는지 몰라요. 또 기분도 좋게 말이죠.

편집자의 추언

1898년 4월 16일, 밀레바 마리치는 취리히 주민등록관청에 신고한다. 플라텐슈트라세 74번지에 있는 집의 방 하나를 세내었는데, 그곳은 취리히에 처음 도착한 후 거주한 적이 있는 집이었다. 이제 물리학자로서 삶을 시작하는 두 사람은 다시 같은 장소에서 뭉치게 된다. 다시는 편지를 쓰거나 기다릴 필요가 없었다.

아직 남아 있는 몇 개의 짧은 메모를 통해, 두 사람이 자주 서로를 방문하여 책을 함께 읽었다는 사실을 알 수 있다. 그리고 그 다음 해의 봄방학과 여름방학에 아인슈타인이 쓴 편지들을 통해 더 많은 것을 알게 된다.

아인슈타인은 1899년 3월 부모와 함께 머문 밀라노에서 밀레바에게 편지를 쓴다.

당신의 사진이 어머니께 커다란 인상을 준 것 같습니다. 어머니가 사진을 보며 생각에 잠겨 있는 동안, 나는 대단히 이해심 많은 태도로 '네, 네, 그녀는 정말로 똑똑한 여자예요' 라고 말했어요. 그렇게 말하는 바람에 상당히 조롱을 당해야 했지만, 그것 때문에 내 기분이 나쁘진 않아요.

여러 통의 편지(다섯 통은 아인슈타인, 한 통은 밀레바)는 1899년 여름학기가 끝난 다음의 방학 동안에 주고받은 것이다. 밀레바는 카치에 있는 부모 집에서 디플롬(Diplom) 과정을 위한 시험을 준비하고 있었다. 아인슈타인은 방학이 시작된 후 처음에는 어머니, 그리고 누이 마야와 함께 취리히의 메트멘슈테텐에 있는 기숙사 '낙원'에서 보냈다. 그곳에서의 시간은 "이 세상의 경건한 사람들과 반듯한 사람들이 낙원에 대해 흔히 생각하는 것처럼, 무척 조용하고 친절하며 고루한 생활이었다."

아인슈타인의 마음을 움직이는 것은 공부와 '사랑하는 독세를'에 대한 생각뿐이었다. 아인슈타인은 밀레바를 바이에른 사투리로 부르곤 했는데, '독세를'이라는 애칭의 원어인 독케(Docke)는 남부독일어로 '인형'을 의미한다. 첫번째 편지에서는 두 가지가 밀접하게 교차한다.

게다가 나는 벌써 헬름홀츠 책으로 대기 운동에 대해 공부했습니다. 당신에 대한 불안 때문이기도 하고 또 나 자신의 만족을 위해서도. 덧붙이는 말이지만, 당신과 함께 하기 위해 그 책을 대충 읽어보려 해요. 처음 헬름홀츠를 읽었을 때는 당신이 내 곁에 없다는 사실도 전혀 파악할 수 없을 정도였답니다. 하지만 이제는 그다지 좋지 않아요. 우리의 공동작업이 정말 좋은 것 같습니다. 유익한데다 무미건조하지도 않으니 말이에요.

메트멘슈테텐에서 보낸 다음 편지에서 아인슈타인은 헬름홀츠와 헤르츠의 책을 읽는 것에 관한 자기의 생각을 상세히 보고하면서,

Matrikel.

Marić, Mileva, von Titel (Ungarn)   geb. 8. Dez. 1875.

Adresse der Eltern oder des Vormundes: Milos Marić, offizial der k.gl. Canalstelle in Pension, Neusatz.

Abteilung VIA.

1. Jahreskurs		Schuljahr	1896/97
2.	, I. Semester	,	1897/98
3.		,	1898/99
4.		,	1899/1900
	Repetent	I. S.	1901

Deponirte Zeugnisse:

Aufenthaltsbewilligung

Geburtsschein

Eidg. matur. Maturitätszeugniss

Frequenzzeugnis der Universität Heidelberg.

Aufnahms-Prüfung.

Aufsatz	. . . . . .	Mathematik	5 3½
Politische und Literatur-Geschichte .		Darstellende Geometrie	wi 5
Deutsche Sprache		Chemie	u 3½
Französische Sprache		Physik	
Naturwissenschaften	. . . .	Zeichnen	

Aufnahme: Oktober 1896.   Wiedereintritt: April 1898 Wiedereintr.: April 1901

Austritt: 5. Okt. 97 (Zeugnis zugesandt) Austritt: August 1900 Austritt: August 1901

Anmerkung: 6 ist die beste, 1 die geringste Note.

입학시험 성적이 기록된 취리히 공업전문학교의 학적부

Abgangs-Zeugnis.

Fächer	Lehrer	Leistungen	Fächer	Lehrer	Leistungen
Differential- u. Integralrechnung mit Übg.	Hurwitz	4½	Einführg. in die Elektromechanik	Weber	—
Darst. Geom. mit Übg.	Fiedler	4¾	Hrs. Arb. m. d. physikal. Lab.	"	5⅓
Projektivische Geometrie	"	3½	Wechselströme	"	—
Geometr. Kurven	"	—	System der absoluten elektr. Messungen	"	—
Geometrie der Lage	"	5	Mechanik des Himmels	Wolfer	—
Mechanik mit Übg.	Herzog	4½	Einleitg. i. die Astronomie	"	—
Analyt. Geometrie	Geiser	4½	Geographische Ortsbestimmung	"	5
Determinanten	"	—	Astronomische Übg.	"	—
Infinitesimalgeometrie	"	—	*Nichtobligatorische Fächer*		
Geometrische Theorie der Invarianten	"	—	Geologie der Gebirge	Heim	
Funktionentheorie	Minkowski	—	Urgeschichte des Menschen	Heim	
Potentialtheorie	"	—	Schweiz. Kulturgeschichte im		
Elliptische Funktionen	"	—	Mittelalter, Reformationsgeschichte	Oechsli	
Anal. Mechanik	"	—	Grundlehren der Nationalökonomie	Classen	
Variationsrechnung	"	—	Botanische Exkursionen	Schröter	
Algebra	"	—	Grundriss der Psychologie	Stadler	
Partielle Differentialgleichungen	"	—			
Anwendungen der anal. Mechanik	"	—			
Theorie der bestimmten Integrale	Hirsch	—			
" " linearen Differentialgleichg.	"	—			
Physikal. Prakt. f. Anfänger	Ernst	5			
Anleitg. zum physikal. Prakt.	"	—			
Physik	Weber	5			
Prinz. u. App. d. Messmeth. der Elektrotechnik	"	—			

Bemerkungen: Über das sittliche Verhalten liegen   Ausgestellt den 2. August 1900.
keine Klagen vor.

DIPLOM als:

laut Beschluss des schweizerischen Schulrates

dat. ___________

취리히 공업전문학교의 졸업 증명서

밀레바의 공부 열의에 대해 유머러스하게 감탄을 표시한다.

시험 준비를 위한 요양이 당신에게 효험이 있다니 마음이 좋습니다. 당신은 정말로 두목감이고, 당신의 그 작은 몸 어디에 그런 활력과 건강이 숨어 있는지 놀라울 뿐입니다.

아인슈타인이 편지를 보낸 그 주에 밀레바가 쓴 편지는 상당히 의례적으로 '친애하는 아인슈타인'으로 시작되지만, 사랑의 고백을 더는 숨기지 못한다.

당신의 편지는 매번 날 무척 편안하게 해줍니다. 함께 한 체험들을 생각하다보면 특별한 감정이 아주 은밀히 생겨납니다. 그 감정은 살짝만 건드려도 당장 깨어난답니다. 세세한 것에 대한 기억이 제대로 떠오르지 않아도 말입니다. 그 감정 때문에 나는 매번 다시 내 방에 있는 것처럼 여겨진답니다.

이 편지에서는 또한 밀레바가 바로 코앞에 닥친 중간시험 공부 때문에 카치에 있는 집의 정원을 한 발도 벗어날 수 없고, 빌헬름 피들러 교수의 '제도 및 사영 기하학' 시험 때문에 걱정이 이만저만 아니라는 사실도 알 수 있다. 이 과목은 밀레바에게 '아주 오래전부터 목에 걸린 가시' 같았다. 아인슈타인이 1899년 9월 10일에 보낸 세번째 편지에는 다시 독서에 대해 언급되고 있다. 이번에는 볼츠만과 마흐가 추가되었다. 아인슈타인은 자신의 독서에 대해 노골적으로 질투심을 드러내는 밀레바를 달랜다.

당신이 작은 이마에 근심스런 이맛살을 찌푸리지 않도록, 모든 걸 당신과 함께 하겠다고 당장 엄숙하게 맹세합니다. 방학 중에 취리히에 머물면서 아무도 없이 아주 편안하게 우리의 학기를 보낼 수 있을 거라고 생각해요. 그건 정말 너무나 멋질 겁니다.

밀레바는 9월 25일에 다시 취리히에 도착할 예정이었다. 10월 2일에 중간시험이 시작되기 때문이었다. 아인슈타인은 이때까지 밀라노에서 가족과 함께 지내면서, 10월 중순에 '다시 우리 집에' 도착할 계획을 세웠다.

그때를 생각하니 무척 기뻐요. 우리 집에 있는 게 가장 좋고 편안하니까요. 플라텐슈트라세로 이사할 겁니다. 하지만 사람들에게서 말이 날 수 있으니, 당신 집으로 이사하지는 않을 거예요. '우리 집' 에서 너무 멀지 않다면 취리히베르크로 이사하고 싶습니다.

아인슈타인은 밀레바를 위로하며 시험에 대해 잊게 했다.

잘 될 거예요. 당신의 단단한 작은 머리는 틀림없이 잘 되리라는 것을 분명하게 보장하고 있습니다. 그래서 나는 열쇠구멍을 통해 엿보고 싶습니다.

아인슈타인은 밀라노에 있는 것을 편하게 느끼지 못했다.

기후가 내겐 맞지 않고, 특정한 공부거리도 없어서 대단히 골머리를 앓고 있기 때문입니다. 간단히 말하면, 평소에 지나치지 않는 당신의 고마운 바가지가 나를 가만히 내버려두고 있기 때문이에요.

그래서 아인슈타인은 곧 이루어질 재회와 취리히에서 함께 보낼 시간에 대해 기뻐했다.

그러면 헬름홀츠의 전자기 광이론을 공부합시다. 그 책을 아직 읽지 않은 것은 첫째 두려움 때문이고, 둘째 그 책이 없었기 때문입니다.

밀레바는 잔뜩 걱정했던 디플롬 과정 시험을 좋은 성적으로 통과했다. 물리학에서 5.5, 미적분과 응용기하학 및 역학에서 5, 약한 과목이었던 제도기하학에서 4.75를 받았다. 평균 점수가 4.8에서 5.65 사이인 수험생은 통틀어 여섯 명이었는데 밀레바는 5.05로 5등을 차지했다.

교수회의에서 이 시험에 대한 조서가 작성된 날이기도 한 1899년 10월 19일, 아인슈타인은 취리히에 있는 연방의회에 시민권 신청서를 냈다. 아인슈타인의 시민권 처리 절차는 1900년 여름에 일사천리로 간단하게 진행된다. 1901년 2월 7일 취리히 주정부는 아인슈타인의 시민권 획득을 확인해주었다.

한편 밀레바와 아인슈타인은 목전에 닥친 디플롬 논문을 베버 교수에게 함께 할 생각을 했던 것 같다. 1900년 3월 9일 밀레바는 친구 헬레나 카우플러에게, 베버 교수가 자기의 제안을 받아들였다고 썼다.

그것도 매우 만족스러워하면서 말이야. 내가 해야 하는 연구들을 생각하면 너무 기뻐. 아인슈타인도 무척 흥미로운 주제를 택했어.

50년 후 아인슈타인은 카를 젤리히에게 쓴 편지에서, 디플롬 논문이 열전도와 연관되었는데 자기에게는 '그 어떤 흥미도 없었다'고

밝히고 있다.

1900년 7월의 디플롬 시험까지는 침묵이 지배했다. 밀레바가 헬레네 카우플러에게 보낸 또 다른 편지를 통해서만, 아인슈타인 어머니의 적의가 밀레바에게 얼마나 큰 부담이 되었는지를 알 수 있다. 밀레바 친구들의 편지를 보면, 아인슈타인에 대한 비판적인 어조가 공공연하게 나타난다. 밀레바 친구들은 아인슈타인이 밀레바를 착취에 가까울 정도로 이용하고 있으며, 마땅히 그래야 하는데도 밀레바에게 관심을 쏟지 않는다고 생각했다. 밀라나는 1900년 6월 7일 어머니에게 쓴 편지에서 이렇게 말하고 있다.

미차를 거의 보지 못하고 있어요. 내가 미워하는 그 독일 남자친구 때문이에요.

디플롬 시험은 7월 27일에 끝이 났다. 아인슈타인은 평균 4.91을 가까스로 통과했다. 밀레바는 4점으로 떨어졌다. 두 사람은 이론 및 응용 물리학에서는 격차가 근소했고(밀레바 4.5, 5 – 아인슈타인 5, 5), 디플롬 논문 점수에서도 차이가 그다지 나지 않았다(밀레바 4 – 아인슈타인 4.5). 그러나 함수론과 천문학에서 밀레바의 점수는 2.5와 4로 아인슈타인의 4.5와 5에 비해 상당히 저조했다. 아인슈타인이 그 다음의 편지들에서 이런 실패에 대해 한마디도 언급하지 않다는 것이 놀랍다.

1900년 여름학기가 끝날 무렵 치른 디플롬 시험 후에 상황은 다시 그 전과 마찬가지로 된다. 밀레바는 부모를 만나러 집에 갔고, 아인슈타인은 처음에는 어머니와 여동생과 함께 멜히탈 계곡에서, 그 다음에는 밀라노에서 보냈으며, 또 취리히에 잠시 체류하기도 했다. 그래서 두 사람은 겨울학기가 시작할 때까지 두 달 반 정도 헤어져 있으면서 다시 편지를 주고받았다. 아인슈타인이 보낸 편지는 열 통이나 남아 있지만, 밀레바의 편지는 단 한 통도 남아 있지 않다.

이제 아인슈타인의 인사말이 달라진다. '내 사랑 독세를' '내 귀여운 클로아네' '내 사랑 미즈' 등으로 바뀌기 시작한 것이다. 또 Du('너'라는 뜻의 독일어로 친한 사이일 때 사용하는 인칭대명사—옮긴이)라는 표현도 두 사람이 연인이 되었음을 드러내준다. 아인슈타인은 멜히탈 계곡에서 어머니와 누이와 함께 보낸 방학 초기에 쓴 첫번째 편지에서, 누이가 도착하자마자 자신이 '독케를 사건'을 터뜨린 게 아니라고 고백했다고 썼다.

누이는 내게 어머니를 '보호하라'고 부탁했어. 그것은 내키는 대로 말을 뱉지 말라는 뜻이오. 우리는 집으로 왔고, 나와 어머니 단 둘만 방으로 갔지.

처음에 나는 어머니에게 시험에 대해 이야기해야 했소. 그 다음에 어머니는 아주 악의 없는 표정으로 '그런데 독케를은 대체 어떻게 되는 거니?' 하고 물었어. 나도 마찬가지로 순진한 표정으로 '아내가 되는 거죠' 하고 말했지. 그랬더니 어머니가 침대로 쓰러져 머리를 베개에 파묻고는 어린아이처럼 우는 거야. 처음의 충격에서 벗어나자 어머니는 곧장 절망에 찬 공격적인 태도로 바뀌었어. '네 스스로 앞날을 망치고 진로를 막아버리는구나' '그 여자는 결코 반듯한 집안 출신일 리 없어' '그 여자가 애라도 낳으면 너한테 큰일인데' 등등. 그 전에도 이런 식의 폭발이 여러 번 있었지만, 이번만큼은 나도 더는 참지 못하겠더군.

우리가 부도덕하게 살았을 거라는 의혹의 눈길을 있는 힘껏 물리치고 심하게 욕하면서 방을 떠나려고 했지. 그때 어머니의 친구인 배르 부인이 방에 들어왔소. ……그래서 날씨, 새로운 요양객들, 버릇없는 어린이들 등에 대해 그 어느 때보다도 열심히 떠들었지. ……어머니와 단 둘이 남아 밤 인사를 나눌 때 우리의 싸움은 똑같이, 그러나 극심하게 반복되었다오.

다음날이 되자 상황은 나아졌소. 그것도 어머니 스스로 말했듯이 이런 이유에서였어. '너희가 아직 어떤 (어머니가 매우 두려워하는) 관계를 갖지 않았고 더 오래 기다릴 수 있다면 방법을 곧 찾을 게다.' 우리가 항상 같이 있으려고 한다는 것만이 매우 언짢은 거요. 어머니는 내 마음을 돌리려고 이런 말도 했지. '그 여자는 너처럼 책벌레야. 그러나 너는 여자가 있어야 해. 네

가 서른 살이 되면 그 여자는 늙은 마녀가 될 거야.'

그렇지만 어머니는 자신이 당분간 절대 아무 짓도 하지 못하면서 나만 화나게 만든다는 것을 알기 때문에, 그 사이에 나를 이런 식으로 다루는 걸 포기했다오.

이 편지는 다음의 말로 끝을 맺는다.

내 사랑, 곧 다시 취리히에서 당신 곁에 있을 수 있다면 오죽 좋을까! 당신이 무척 자랑스러워. 천 번이나 인사를 보내오.
당신의 요하네슬로부터.

날짜가 적혀 있지는 않지만 이 시기에 썼을 연애편지를 보면, 밀레바가 때때로 아인슈타인을 '요하네슬'이라고 불렀음을 알 수 있다.

내 사랑 요하네슬! 내가 그대를 기꺼이 드높이고 싶은데, 그대가 멀리 있기에 그대를 기쁘게 해줄 수 없어 이렇게 편지를 씁니다. 묻고 싶은 것이 있어요. 내가 당신을 아끼는 것만큼 당신도 나를 아끼나요? 당신의 독세를이 천 번의 입맞춤을 보냅니다.

아인슈타인이 보낸 거의 모든 편지마다 '민감한 주제', 즉 '독케를 사건'에 대한 언급이 담겨 있다. 동시에 열렬한 사랑의 표현과 기분 좋은 사랑의 속삭임, 그리고 사랑의 속삭임이 없을 때의 아쉬움에 대한 표현들이 뒤따랐다. 1900년 8월 6일과 9일, 그리고 날짜를 알 수 없는 여러 편지에서 이러한 감정이 고스란히 드러난다.

그대가 없으면, 마치 나 자신이 온전하지 않은 것 같은 기분이 듭니다. 앉아 있을 때는 걷고 싶고, 걸어갈 때는 집에 있으면 좋겠고, 놀고 있으면 공부하고 싶고, 공부할 때면 평온함과 휴식이 아쉽고, 잠자러 갈 때면 제대로 살지 못한 하루 때문에 마음이 편치 않다오.

나의 옛 취리히가 날 편안하게 해주는 것처럼, 그대가 내 곁에 있다면 좋을 텐데. 내 작고 사랑스런 '오른손'이여, 나는 가고자 하는 곳으로 가고 싶소. 그렇지만 나는 그 어디에도 속하지 않는다오. 그리고 그대의 작은 두 팔이 그립고, 다정함과 유쾌한 기분으로 가득 찬 그대의 달아오른 작은 입술이 그립습니다. 어떻게 내가 멜히탈 계곡에서 수행하고 있는 가톨릭 성직자들을 동정했는지!

예전에 내가 어떻게 혼자 살 수 있었는지 모르겠소. 그대, 작지만

나의 전부. 그대가 없으면 나는 자신감도 일할 의욕도 삶의 기쁨
도 없소. 그대가 없으면 내 삶은 삶이 아니라오.

나의 유일한 기분 전환은 공부라오. 나는 지금 그 공부를 두 배의
사랑으로 하고 있소. 나의 유일한 희망은 그대. 내 사랑스런 충실
한 영혼이여, 그대를 생각하지 않고는 슬픈 인파 속에서 더 이상
살고 싶지 않소.

하지만 그대를 갖는 것이 날 자랑스럽게 해주고, 그대의 사
랑이 날 행복하게 해준다오. 그대를 다시 가슴에 대고, 나에게만
반짝이는 그대의 사랑스런 눈을 보고, 기쁨에 차서 내게만 떠는
그대의 사랑스런 입에 키스한다면 난 두 배로 행복할 텐데.

아인슈타인은 하늘로 뛰어오를 만큼 기뻐하다가 죽을 것처럼 우
울해하며, 밀레바에 대한 자신의 사랑 때문에 걱정하는 부모에 대해
이렇게 설명한 적도 있다.

어머니가 울면서 종종 눈물을 많이 쏟곤 한다오. 이곳에서 나는
방해받지 않고 있는 순간이 단 1초도 없답니다. 부모님이 거의
나 때문에 울고 있소. 마치 내가 죽기라도 한 것처럼.

그러고는 다시 슈나다휘펄(요들이 첨가되기도 하는 짧은 민요 – 옮긴이)을 변형하여 적어 보낸다.

오, 통재라!
요하네슬이 완전히 돌아버렸네.
자기의 독세를을 생각했건만
끌어안은 건 베개라네.
독세를이 토라지면
내 마음이 약해지네.
그러나 그녀는 어깨를 움찔하며
상관없다고 말하네.
내 부모를 생각하면
기가 차네.
하지만 그 분들이 아무 말도 못하게 하겠네.
그렇지 않으면 가만히 있지 않겠네.
나의 독세를과 이야기하고 싶고 신나게 입맞춤하고 싶다네.

아인슈타인의 편지들은 또한 공부에 대해서도 많이 언급하고 있으며, 공부에서 밀레바와 함께 하는 공동생활의 방식이나 수준에 대해서도 어느 정도 통찰할 수 있게 한다. 1900년 8월 6일의 편지를 보자.

충분히 쉬기만 해요. 그대는 그대의 요하네슬과 함께 추구하는 것을 멋지게 해낼 수 있을 겁니다.

곧이어 8월 9일의 편지에서 아인슈타인은 취리히 공업전문학교의 조교 자리에 대한 (채워지지 않을) 기대에 마음이 들뜨게 된다.

그대를 다시 가슴에 대고 그대와 함께 살 때까지 도저히 기다릴 수 없을 것 같소. 우리는 재미있게 일하고 돈도 많이 벌 거요.

그러고는 8월 14일의 편지에서는 다시 밀레바에게 당부한다.

책이 도착하더라도 너무 많이 공부하지는 말아요. 그보다는 충분히 쉬어요. 그대는 내게 다시 옛날의 골목대장이 될 거야. 몸 성히 있어야 한다는 점 하나만 그대에게 요구하고 싶어. 그런데 만약 그렇지 못하다면 그대를 가만히 두지 않을 거요.

하지만 9월 13일의 편지에서는 장난스러운 농담으로 밀레바의 기분을 풀어준다. 밀레바는 '기분에 들뜬 사나이' 때문에 기분이 좋아졌고, 아인슈타인 스스로도 재미있어 했다.

지금 당신을 생각하니, 다시는 당신을 결코 화나게 하지도 놀리지도 말아야겠다는 생각이 드는군. 언제나 천사처럼 있겠소! 오, 상상만 해도 멋지군! 하지만 내가 다시 옛날처럼 고집과 못된 짓만 골라 하는 부랑아가 되고 계속 변덕스럽게 군다고 해도 당신은 날 좋아하겠지!

1900년 8월 3일 혹은 9월 6일에 밀라노에서 보낸 편지에서 아인슈타인은 그 특유의 장광설을 늘어놓으면서, 함께 공부하는 것에 대해 보기 드문 구체적 통찰을 하고 있다.

톰슨 효과(도체 막대의 양 끝을 서로 다른 온도로 유지하면서 전류를 통할 때 줄열Joule's heat 이외에 발열이나 흡열이 일어나는 현상 – 옮긴이)를 연구하기 위해 나는 마지막 수단으로 다른 방법을 찾았소. 그 방법은 k와 T의 의존성을 규정하기 위한 당신의 방법과 약간 비슷했고, 그런 연구의 전제이기도 했지. 우리가 당장 내일 시작할 수만 있다면!

그로부터 며칠 후인 9월 13일의 편지에서 아인슈타인은 이렇게 쓰고 있다.

당신이 나라는 사람과 내가 하고 있는 작업 때문에 기뻐하리라고 생각할 수 없다면, 내가 하는 일조차 목적이 없고 불필요한 것처럼 보일 거요. ……우리의 새로운 일을 생각하면 무척 기뻐. 당신은 이제 당신의 연구(디플롬 논문)를 계속 해야 해. 내가 귀여운 박사님을 아내로 맞고 아주 평범한 인간이 된다면, 나 스스로 얼마나 자랑스러울까!

그리고 방학 때 보낸 것들 중 남아 있는 마지막 기록인 10월 3일의 편지에서도 아인슈타인은 비슷한 생각을 표현하고 있다.

나는 이제 물리화학을 제법 알고 있고, 지난 30년간 이 분야에서 사람들이 이룩한 성공에 완전히 매료되었소. 우리가 함께 그것을 충분히 검토한다면 당신은 기뻐할 거요. 응용물리학적 연구방법도 무척 흥미롭소. 그중에서도 여러 상이한 분야들에서 탁월하게 입증된 이온설이 가장 멋지다오. 내가 취리히에서 최근에 알게 된 모세관 현상(액체 속에 가는 관을 세우면 관 속의 액체가 외부 액면보다 상승하거나 또는 하강하는 현상―옮긴이)에 대한 결과는 그 단순성에도 불구하고 완벽하게 새로운 것처럼 보여.

우리가 취리히로 가게 되면, 클라이너를 통해 그 사안에 대한 경험적인 자료를 마련하도록 합시다. 그래서 하나의 자연법칙이 생겨난다면, 그것을 비데만 연보에 보냅시다. ……내가 당신에게서 나와 동등한 피조물을 발견해서 얼마나 행복한지 모르오. 그 피조물은 나 자신처럼 힘이 있고 독자적입니다. 당신과 함께 하지 않고서는 나는 모든 사람과 함께 있어도 혼자라오.

이 편지에서 언급되는 일은 아인슈타인의 첫번째 출판물을 말한다. 아인슈타인의 글은 그 다음해 초에 라이프치히의 《물리학 연보》 4권에 수록된다.

1900/01년의 겨울학기에 밀레바는 여동생 조르카와 함께 취리히로 돌아온다. 그러나 조르카는 잠시 동안만 밀레바 곁에 머문 것 같다. 취리히 주민등록관청에 여동생의 체류가 기입되어 있지 않기 때문이다. 밀레바는 '유급생'으로서 공부를 다시 시작한다. 7월에 디플롬 시험을 다시 볼 계획이었기 때문이다. 1900년 11월부터 1901년 3월 말까지 밀레바는 호팅거슈트라세 52번지에 있는 란케 부인의 집에 거주한 다음, 플라텐슈트라세 50번지의 엥겔브레히트 기숙사로 다시 옮긴다. 아인슈타인은 헬레네 카우플러에게 썼듯이 '언제나처럼 하루 종일 그녀 곁에' 박혀 있었다.

아인슈타인이 (조수 자리에 대한 전망이 대체로 막연하기 때문에) 자신의 출세를 위해 계획을 계속 바꾸는 바람에 밀레바는 때때로 어려운 시간을 보냈다. 아인슈타인과의 이별을 두려워했기 때문이다.

밀레바는 또한 두 사람의 관계가 다시 아무것도 아닌 것으로 해체되었
다는 걱정이 많았다. 두 사람은 이렇게 관계가 느슨해진 것이 부분적
으로는 베버 교수의 책임이라고 생각했다. 베버 교수는 아인슈타인에
대해 비교적 부정적인 태도를 취했다. 이것은 그후 밀레바와 베버 교
수의 관계에도 부정적인 영향을 끼쳤다. 여기에 아인슈타인의 부모,
특히 어머니의 적대적인 태도가 보태졌다. 아인슈타인의 어머니는 때
때로 무척 교활한 태도를 취하곤 했다.

"운명이 어떤 결정을 내렸는지 아직은 몰라."

1901년 초, 밀레바는 친구 헬레네에게 이렇게 썼다. 헬레네는 그
사이에 결혼을 하여 벨그라드에 살고 있었다. 헬레네의 남편인 화학자
밀리보예 사비치는 상공부 국장이었다.

알베르트는 빈에 실습 자리를 신청해놓았어. 돈도 벌어야 하지
만, 일 말고 이론물리학에서 계속 실력을 쌓아 나중에 대학교수
가 되고 싶어해. 하지만 어떻게 될지 우리도 몰라. 그리고 내가
어떻게 될지, 과연 여자 김나지움에서 정말 일하게 될지 신들만
아실 거야.

우리는 예전처럼 생활하고 일하고 있어. 최근에는 취리히
베르크에서 썰매를 신나게 탔어. 우리가 여전히 순수한 열정을
갖고 있는 거 알지? 알베르트는 마치 악마처럼 아래로 내려갈 때

마다 행복해했어.

아인슈타인은 학기가 끝난 후 늘 그랬듯이 밀라노에 있는 부모에게 갔다. 이 방학 기간의 기록으로는 다시 아인슈타인이 보낸 편지들만 남아 있다. 편지들은 여러 번에 걸쳐 아인슈타인의 직업 계획에 대해 언급하고 있다. 독일로부터 또 한번 거절당한 후, 아인슈타인은 독일 교수들에게 계속 기대하는 게 쓸데없는 짓임을 확신했다. 독일 교수들이 모두 아인슈타인을 싫어하는 베버 교수에게 문의하기 때문이었다. 아인슈타인은 이제 이탈리아에 희망을 걸었다. 이탈리아에서라면 아인슈타인이 활용할 수 있는 적절한 관계들이 있고, 또 '반유대주의라는 주된 적' 이 없기 때문이었다.

"독일에서라면 반유대주의 때문에 내가 불편함은 물론 지장도 받을 텐데 말이다."

밀레바도 동시에 자그레브에 있는 여자 김나지움에 일찍이 원했던 자리를 신청해놓았다. 그러나 두 사람의 소망과는 달리 아무것도 이루어지지 않는다.

아인슈타인이 보낸 편지 여섯 통을 통틀어볼 때 가장 큰 비중을 차지하는 내용은 학문적인 연구에 대한 것이다. 아인슈타인은 자신의 연구와 연관하여 종종 밀레바에게 자신을 위해 문헌에서 문제를 계속 추적해달라는 부탁을 하곤 했다. 예전과 마찬가지로 사랑과 학문이 아말감처럼 결합되었다. 1901년 3월 27일의 편지를 보자.

그대는 내게 아무도 파고들 수 없는 신성불가침한 존재요. 그대
가 누구보다도 나를 가장 열렬히 사랑하고 가장 잘 이해한다는
사실을 나도 잘 알고 있어. 또한 내가 장담하건대, 아무도 그대에
대해 함부로 말하지 못하도록 할 거요. 우리가 함께 상대운동에
대한 연구를 성공적으로 해낸다면, 나는 더할 나위 없이 행복하
고 자랑스러울 거야. 다른 사람의 입장에서 본다면, 그 주역이 그
대인 것은 너무도 당연한 일일 테지.

그 다음에 오고간 편지들 중 4월 10일자를 살펴보면, 밀레바가
계속해서 아인슈타인의 연구와 아이디어에 자신이 끌려 들어가는 것
에 대해 약간 질투를 느꼈음을 분명히 알 수 있다.

나에 대해 더 잘 알고 있는 당신이 힘을 행사한다면, 작은 마녀
같으니, 내가 모든 것을 동원하여 당신을 막고 싶어한다는 불안
은 느끼지 않을 텐데. 왜냐하면 그건 정말로 내 의도가 아니기 때
문이야. ……그래서 오늘은 나에 대해 상세히 보고하려 한다오.
당신이 그걸 원하는 것 같으니까.

4월 중순, 문제의 지평선이 약간 풀린다. 아인슈타인은 빈터투르 공업전문학교의 대표직을 제안받은 동시에, 친구 그로스만으로부터 베른의 특허청에 취직이 될 거라는 통지를 받는다. 행복한 분위기에서 아인슈타인은 4월 말에 밀레바를 코머 호수로의 소풍에 초대한다. 얼마 전 밀레바가 루가노에서 만나자고 한 제안을 아인슈타인이 생활을 방탕하게 한 후회 때문에 받아들이지 못하겠다고 거절한 후였다.

하지만 이번에는 5월 1일에 아인슈타인의 초대를 받아들였던 밀레바가 다시 약속을 거절하게 된다. 집에서 온 편지 한 통 때문이었다. 이 편지는 그녀에게서 '즐거움뿐 아니라 삶에 대한 의욕마저' 몽땅 뺏어버렸다. 편지에는 만족스럽지 않게 진행되는 그녀의 공부와 아인슈타인과의 관계에 대한 질책이 담겨 있었던 것 같다. 그러나 다음날인 5월 2일 밀레바는 마음을 달리 먹고 코머로 여행을 떠난다. 그곳에서는 누군가가 뛰는 가슴을 안은 채 팔을 벌리고 그녀를 기다릴 것이었다.

밀레바는 친구 헬레네에게 보낸 편지에서 여행에 대해 보고한다. 이 편지는 밀레바가 아인슈타인과 함께 지낸 시간을 상세히 말해주는 몇 안 되는 문헌에 속한다.

우리의 여행에 대해 조금이라도 이야기하지 않고는 못 배기겠어. 너무 아름다워서 모든 슬픔을 전부 잊었을 정도거든. 우리는 코머에 반나절 머문 다음 배를 타고 콜리코로 갔어. 카데나비아에 잠깐 들러 빌라 카를로타에도 방문했지. 우리가 그곳에서 얼마나 멋진 것을 보았는지 너에게 어떻게 전할 수 있을까. 카노바의 유명한 볼거리 몇 개는 너도 알고 있지? 무척 화려한 정원도 알고 있을 테고. 그 정원은 특히 내 가슴에 남아 있어. 더욱이 꽃 한 송이 슬쩍 가져올 수 없었거든. 때는 가장 아름다운 봄이었어. 그러니 다음날 눈보라를 뚫고 썰매를 타야 할 운명이리라고 상상할 수 있었겠어!

우리가 넘어가야 하는 슈플뤼겐은 눈 속에 깊이 파묻혀 있었어. 눈은 곳에 따라 6미터까지 쌓였어. 우리는 그곳 사람들이 사용하는 아주 작은 썰매 하나를 빌렸어. 썰매에는 두 사람이 앉을 만한 자리가 있었어. 우리가 너무나 함께 하고 싶었던 일이지. 썰매의 뒤쪽 작은 판자에는 마부가 자리를 잡았어. 그는 가는 동안 내내 입을 다물지 않고 떠들면서 '시뇨리아' 하고 불러댔어. 더 멋진 걸 상상할 수 있겠니? 몇 시간을 썰매를 타고 가야 했지만 그것도 고개까지뿐이었어. 우리가 고개부터는 걸어서 가려고 했거든.

내내 정말 신나게 눈이 내렸고, 우리는 회랑처럼 긴 길을 지나가기도 하고 텅 빈 길을 걷기도 했어. 아주 멀리 바라보아도 보이는 건 오직 눈, 눈뿐이었어. 나는 이 끝없이 하얗고 추운 세계에 대해 때때로 심한 공포를 느끼기도 했고, 몸을 겉옷과 수건으로 감싼 채 사랑하는 사람의 팔을 꽉 붙들었어. 슈플뤼겐에서 내려오는 길도 너무 아름다웠어.

우리는 눈을 힘차게 꾹꾹 밟아야 했지만, 무척 재미가 있어서 한마디 불평도 하지 않았어. 적당한 장소에서는 우리가 눈사태를 만들기도 했어. 우리 아래에 펼쳐져 있는 세상을 불안 속에 넣어보기 위해서 말야. 라인탈 계곡과 비아 말라는 너도 알 거라고 생각해. 이 두 곳은 정말 멋졌어. 날씨가 우중충했지만 그것 때문에 우리의 기분이 망가지진 않았어.

사랑하는 사람과 다시 조금이라도 함께 있을 수 있어서 너무 행복했어. 특히 그도 나처럼 행복하다는 것을 알수 있었기 때문이야!

여행이 끝날 무렵 밀레바와 아인슈타인은 함께 취리히로 갔는데, 5월 8일에 도착한 것으로 보인다. 아인슈타인은 호텔 '센트랄'에 묵었고, 다음날 예전의 하숙집에 두었던 소지품을 꾸려 오후에 빈터투르로 갔다. 이렇게 하여 두 사람은 장차 떨어져 있게 되었지만, 그럼에도 넘어지면 코 닿는 거리에 있었다.

밀레바는 여행을 보고하는 편지의 말미에 이렇게 쓰고 있다.

이제 그는 매주 일요일마다 나에게 오고, 그럴 때마다 매번 우리

둘 다 좋아하는 친구인 너를 생각해. 알베르트는 너의 '알 품기'가 어떻게 되고 있는지 무척 보고 싶어해(헬레네는 임신 중이었다). 너의 최근 편지를 보여주니까 그는 무척 흥분해서 이렇게 말했어. 우리도 그렇게 행복해질 거라고 말이야.

두 사람이 생각하는 것보다 그 '행복'은 실제로 보다 가까이 있었다.

당신을 사랑해요. 일요일에 만날 생각을 하니 벌써 기쁘군. 황홀하고 편안한 하루를 함께 보내요, 우리. 이곳에서 내가 살고 있는 것도 당신에 대한 생각 때문에 비로소 그 진정한 의미를 갖고 있어. 당신에 대한 생각이 생명과 살과 피를 가질 수만 있다면! 지난번 당신의 작고 사랑스런 몸을 내게 끌어당겼을 때 얼마나 아름다웠던지! 마음 가는 대로, 내 품에 안기는 대신 열렬히 입맞춤해주오. 사랑스런 선한 영혼이여!

아인슈타인은 빈터투르에서 보낸 두번째 편지에서 이렇게 밝혔다. 이 편지에 대해 밀레바는 다음과 같이 답장을 쓴다.

지금 당신의 두번째 편지를 받고 세상 무엇보다도 행복해하고 있

어요. 당신이 얼마나 사랑스러운지, 당신에게 무척 입맞춤하고
싶어요. 당신이 오는 주말까지 도저히 기다리지 못하겠어요.
……토요일에 온다면 우리 기숙사에서 잠을 잘 수 있을 거예요.
여학생 하나가 금요일에 여행을 떠나기 때문에 엥겔브레히트 부
인에게 부탁해볼 수 있어요. 별 문제가 없다면 허락할 거예요.

　　　당신과 함께 자유를 만끽하며 기뻐하기 위해 그때까지 열
심히 공부할 게요. 당신의 아내가 되면 세상이 얼마나 아름답게
보일까요. 세상에서 가장 행복한 여자가 될 거예요. 그 다음에 난
쟁이가 된다 해도 좋아요. 내 달콤한 사랑이여, 편안히 지내고 주
말이 되면 기분 좋게 당신의 여자에게 오세요.

곧이어 밀레바가 임신했다는 사실이 드러난다. 아마도 5월 28일
에 아인슈타인이 쓴 편지에서 처음 거론되는데, 주말 동안 함께 지낸
직후인 화요일이었다. 아인슈타인은 다시 학문과 사랑의 전형적인 결
합에 대해 언급한다.

방금 자외선 광에 의한 음극선(음극에서 방출된 전자를 고전압으로
가속하여 얻어지는 가는 전자의 흐름-옮긴이)의 생성에 관한 필립
레나르트의 훌륭한 논문을 읽었소. 이 멋진 논문에 무척 감명받
았다오. 당신도 그런 행복과 그런 기쁨을 꼭 누렸으면 하는 마음

이 간절합니다.

　　용기를 내고 걱정하지 말아요. 나는 당신을 떠나지 않을 것이고, 모든 게 잘 될 거야. ……시작이 약간 바보 같긴 해도 내 품에서 괜찮다는 걸 당신도 알게 될 거야. 당신 괜찮은 거요? 뱃속의 아기는 어떤지. 우리가 다시 방해받지 않고 함께 할 수 있으면 일은 잘 될 것이고, 아무도 더는 우리 일에 참견하지 못할 거야.

아인슈타인은 처음부터 어린아이가 사내애라고 확신했다. 그가 잘못 생각한 것이다.

이제부터 밀레바는 부모의 불만, 임박한 시험, 생각보다 훨씬 빠른 임신 등 삼중고에 시달렸다. 그녀에 대한 연구를 통해 알 수 있는 몇 가지 사실에서 추론해보면, 밀레바는 베버 교수와 극심한 긴장 관계 속에 있었다. 한번은 아인슈타인이 긴장 관계를 완화시키기 위해 밀레바의 디플롬 논문에 베버 교수의 글 일부를 '보이기 위해서라도 인용하라고' 제안하기도 했다. 또한 아인슈타인은 이렇게 묻기도 했다.

대체 당신 논문은 어떻게 되어가고 있어? 전부 제대로 진척되고 있는 건가? 그 늙은이 베버가 제대로 처신하고 있는 거요, 아니면 또다시 트집을 잡고 있는 거요?

이것으로 아인슈타인은 밀레바와 베버 교수 사이의 불화를 암시하고 있다. 이 불화는 이미 오래전부터 있었던 게 분명했다. 그런데 밀레바는 헬레네 사비치에게 보낸 여행 보고 편지에서 이 아픈 부분에 대해 언급했다.

베버 교수와 내가 몇 번 논쟁을 했지만, 우리는 그런 것에 진작 익숙해졌어.

이런 상황에서 아인슈타인은 '돌이킬 수 없는 결심'을 한다. '아무리 보잘것없는 자리라도' 당장 구하겠다는 것이다.

내 학문적 목표와 개인적인 허영심 때문에 하급직 자리라도 얻는 것을 그만둘 수는 없어. 자리를 얻는 대로 당신과 결혼하고 당신을 데려올 거야. 모든 게 다 해결될 때까지는 그 누구에게도 한마디도 하지 않겠어. 그러면 아무도 당신의 사랑스런 머리에 돌을 던지지 못하겠지. ……하지만 당신은 내 아내로서 당신의 머리를 내 품에 조용히 기댈 수 있을 것이고, 당신이 내게 바친 사랑과 충실함에 대해 조금도 후회할 필요가 없을 거야.

이 편지를 받고 밀레바는 상당한 마음의 안정을 찾았다. 게다가 여동생은 다음 방학 때 아인슈타인을 집으로 데려오라는 제안을 해둔 터였다. 그래서 밀레바의 기분은 그 전보다 훨씬 나아졌다.

밀레바의 두번째 디플롬 시험 결과는 1년 전의 첫번째 시험 때와 똑같았다. 점수의 차이는 그 전보다 별로 나지 않았지만, 한 과목에서 평균 4를 넘지 못했다.

우리는 멋진 한 쌍이에요.

밀레바는 시험이 끝난 후 아인슈타인에게 이렇게 썼다. 아인슈타인은 다시 메트멘슈테텐의 어머니 집에서 방학을 보내고 있었다. 밀레바는 화해를 원했고, 아인슈타인 어머니의 마음을 달래줄 수 있는 온갖 감동적인 방법을 다 짜냈다. 밀레바 역시 집으로 출발하기 직전이었다.

곧 우리 부모님께 편지 좀 써줘요. ……내가 집에 도착하기 전에 편지가 와 있어야 해. 당신이 어떻게 썼는지 볼 수 있게 내게 편지를 보내겠지? 나는 친구 부체크와 함께 갈 거요. 그 친구는 내가 어떤 심정으로 이 여행에 나서는지 전혀 모르고 있어. 우리 아버지에겐 내가 필요한 소식이긴 하지만 유쾌하지 않은 것을 가져갈 거라고만 써요.

취리히 주민등록관청 서류철에는 1901년 7월 8일이란 날짜 아래 도장과 함께 '전출 신고 없이 떠남'이라고 기입되어 있다.

밀레바가 부모 집에 체류한 것에 대해서는 전혀 알려져 있지 않다. 아인슈타인은 1901년 9월 15일 샤프하우젠에 가정교사 자리를 얻었다. 그 시점부터 아인슈타인은 이곳에 거주했다. 그저 아인슈타인을 다시 보기 위해서이든, 아인슈타인의 부모가 밀레바의 부모에게 보낸 편지 때문이든 밀레바는 10월에 라인강 근교 슈타인으로 몰래 가서 슈타이너호프 호텔에 여장을 풀었다. 아인슈타인의 부모는 편지에서 밀레바가 수치라고까지 욕을 퍼부어댔다. 밀레바가 아인슈타인을 아무도 모르게 만났을 가능성이 있다. 밀레바가 그 주에 쓴 두 통의 편지를 통해, 아인슈타인이 그 사이에 취리히대학의 물리학 교수인 알프레트 클라이너에게 두 편의 논문을(그중에는 베버 교수에게 제출한 논문도 들어 있는 것으로 보인다) 제출함으로써 기대에 부푼 접촉을 갖게 되었음을 알 수 있다.

그가 정신을 집중하여 제대로 말해야 하는데.

밀레바는 이렇게 덧붙이고 있다. 한번은 밀레바가 아인슈타인에게 자신이 친구 헬레네에게 발송하지 않은 편지에 대해 언급한 적이 있다.

우리는 (헬레네에게) 아직 리제를(밀레바는 뱃속에 있는 아이를 리
제를이라고 불렀다)에 대해 아무것도 말하지 않았어요. 그런데 당
신은 편지 여기저기에 슬쩍 흘리고 있네요. 아주 잘 말해야 해요.
헬레네는 우리가 아주 중요한 문제가 있을 때 도와줄 거예요. 물
론 헬레네가 무척 친절하기도 하지만, 우리의 일을 진심으로 기
뻐해줄 것이기 때문이에요.(이 편지는 리제를의 흔적을 어쩌면 헬레
네가 살았던 벨그라드에서 찾을 수 있을지도 모른다는 것을 암시한다.)

그 다음 몇 달간은 아인슈타인의 편지만 남아 있다. 그래서 때때
로 밀레바에 대한 아인슈타인의 반응만이 그녀의 상태에 대해 알게 해
준다. 1901년 12월 12일의 편지를 보자.

당신의 사랑스런 편지를 받았어. 침대에서 내게 편지를 쓰는 모
습을 생각하니 너무도 사랑스럽군. 나는 전혀 걱정을 하지 않아
요. 당신의 기분이 좋고, 고통이 크지 않다는 걸 알기 때문이야.
당신 몸만 잘 돌보며 기분 좋게 지내고, 우리의 리제를을 생각하
며 기뻐했으면 좋겠어. 나는 우리의 리제를을 은근히 (그래서 독
세를이 모르게) 사내아이 한제를로 상상하고 있어.
　……아직 풀지 못한 단 하나의 문제는 어떻게 우리의 리제
를을 데려올 수 있는가 하는 거요. 나는 우리가 포기하지 않기를

바라오. 당신 아버지께 여쭤보는 건 어떨지. 세상살이의 경험이 많은 분이니까 당신의 비실용적인 요하네슬보다 세상을 더 잘 아실 거요. 아이에게 우유를 먹여서는 안 될 거야. 그러면 아이가 멍청해질 수 있으니까. 당신의 우유가 훨씬 더 영양가가 있을 텐데, 어떻게 생각하오?!

12월 17일의 편지는 다시 아인슈타인 특유의 자만과 진지함이 섞인 전형적인 예를 보여준다.

당신이 벌써 두 번이나 썼던 것처럼 엄청난 뚱보의 모습을 하고 있더라도 나는 당신 곁에 있고 싶어. 당신의 모습을 한번 그려봐요. 제대로 말이야.

나는 이동성 물체의 전기역학에 열심히 매달려 연구하고 있어. 훌륭한 논문이 나올 거라고 장담할 수 있을 것 같아. 예전에 상대운동에 대한 생각의 정확성을 의심한다고 썼던 것 기억해? 하지만 내 염려는 간단한 계산 착오에 근거했을 뿐이었어. 지금은 그것을 예전보다 더 믿고 있어.

당신 어머니께 안부를 전해주고, 나중에 맞을 매도 기쁘게 생각한다고 말씀드려주오.

이틀 후 아인슈타인은 밀레바에게 '또다시 좋은 소식'을 보낸다. 이제 베른 특허청에 자리를 얻는 게 확실했기 때문이다.

당신은 곧 나의 행복한 신부가 될 거야. 몸만 조심하기 바라오. 이제 우리의 고통도 끝났어. 나는 이제야 당신을 얼마나 사랑하는지 알 것 같아. 심하게 압박해 들어오는 상황들이 이젠 더 이상 내게 짐이 되지 않고 있으니 말이야.

모든 일이 곧 확실해질 거요. 이제 곧 나의 독세를 품에 안고 모든 사람들 앞에서 내 아내라고 불러도 될 거야. 당신은 곧 취리히에서처럼 다시 나의 '학생'이 되겠지. 기쁘지 않소?

곧 이어 보낸 12월 28일의 편지에서 아인슈타인은 동료 학생들을 이긴 승리감을 표현하고 있다.

당신의 요하네슬이 박사논문을 끝냈어. 그럼에도 그는 고통을 받는 어린 동물이라오. 당신이 내 아내인 한, 우리 함께 열심히 학문적인 작업을 하여 고루한 속물은 되지 맙시다. 내 여동생은 꼭 속물 같았어. 당신이 그렇게 되어서는 안 될 일이야. 만약 당신이 속물이 된다면 나는 끔찍할 거요. 당신은 언제나 나의 마녀이자 골목대장으로 남아야 해요.

밀레바는 만삭이었고, 해산 후에는 병든 젊은 부인이었다. 1902년 2월 4일에 아인슈타인이 보낸 편지를 보자.

가련한 당신, 내게 편지 한 통 쓸 수 없을 정도로 고통을 겪어야 하다니! 우리의 사랑스런 리제를도 곧 세상의 이런 면에 대해 알아야 하겠지. 내 편지가 도착할 때쯤 당신이 다시 기운을 차리기만 한다면. 당신 아버지의 편지를 받았을 때 나는 너무 놀라 죽을 뻔했어. 편지에서 뭔가 안 좋은 일이 벌어지고 있다는 느낌을 받았기 때문이야. 그런 것에 비하면 우리의 외적인 운명은 아무 것도 아니지. 당신을 건강하고 행복하게 만들 수 있다면, 당장 나는 가정교사를 2년 더 할 텐데.

그런데 당신이 바라던 대로 정말 리제를이 되었군. 아이는 건강한지. 벌써 소리를 듣는지. 아이의 눈은 어떤지. 우리 중 누굴 더 닮았는지. 누가 아이에게 우유를 주고 있는지. 모든 게 궁금하오. 그나저나 완전 대머리겠네. 아직 본 적이 없는데도 아이를 너무 사랑해요! 당신이 다시 건강해질 때까지 아이의 사진을 찍을 수는 없는 거요? 아이가 벌써 눈을 어떤 쪽으로 향하고 있는지.

지금쯤 당신은 아이를 관찰할 수 있겠지. 나도 한번 직접 리제를을 보고 싶군. 틀림없이 굉장히 재미있을 거요! 아이가 울

수 있지만 얼마 후에는 웃는 것을 배울 거요. 여기에 심오한 진실이 담겨 있지. 꼭 아이를 그려서 보내주오.

아인슈타인은 이 편지를 베른에서 썼다. 자신이 일한 사립학교 교장과 다툰 후 요란하게 샤프하우젠을 떠나 베른으로 이사했고, 그곳에서 첫번째 직장을 얻었으며 밀레바와 결혼 생활을 시작했다.

리제를에 대해서는 더 이상 알지 못한다. 리제를의 존재는 출생은 물론 죽음에 대해서도 지금까지 관청에 전혀 등록되지 않았다.

아인슈타인의 성공을 위한 헌신

마르셀 그로스만의 부친은 아들의 동료에게 일자리를 찾아주기 위해 백방으로 애썼다. 그 결과 아인슈타인은 1902년 6월 16일 베른 소재 스위스 특허청에 3급 기술전문가로 취직되었다.

아인슈타인은 특허청 업무에 금세 익숙해졌다. 특허 출원된 발명들을 분명하고도 논리적으로 기술하고 그 핵심을 간결하게 묘사했다. 보수는 좋은 편이었고, 무엇보다 중요한 것은 그가 연구할 시간이 충분히 확보된다는 점이었다. 게다가 그 자리는 영구 보장되었다. 아인슈타인은 만족했다. 그는 자기의 직장을 '속세의 수도원' 이라고 불렀고, 직장 일을 '구두 수선하는 일' 이라고 말했다.

밀레바는 둘 중 한 사람이 직장을 얻는 대로 곧장 결혼하기로 마음먹었다. 일자리가 있어야 양쪽 부모의 도움에 의존하지 않을 수 있을 것이었다. 양쪽 집안 모두 이 결혼에 반대했기 때문이다. 그런데 밀레바 부모는 나중에 마음이 무겁더라도 이 결혼에 대해 알게 되지만, 아인슈타인의 부모는 전혀 알려고도 하지 않았다.

아인슈타인은 밀레바를 베른으로 불렀다. 1903년 1월 6일 두 사람은 알트슈타트 호적 사무소에서 결혼식을 올린다. 증인은 두 사람 모두의 친구인 콘라트 하비히트와 모리스 솔로빈이었다.

밀레바는 집안을 자기 취향대로 꾸몄다. 약간 보헤미안적이면서도 아늑하다는 느낌으로 꽉 차는 분위기였다. 아히브슈트라세 8번지에 있는 집의 망사르드 다락방(이중 물매 지붕의 다락방 – 옮긴이)은 베른의 오버란트와 아레강이 훤히 보여서 전망이 무척 좋았다. 행운의 문이란 문은 전부 다 열린 것 같았다.

밀레바는 그들 부부의 관심사에 흥미를 느끼는 사람 누구나 집에 오는 것을 환영하는 매우 명랑하고 친절한 아내였다. 이 행복은 장차 닥쳐올 고통에 대해 밀레바에게 미리 보상한 것이나 다름없었다. 그 집에는 커다란 목재 테라스도 있었는데 베른 고가옥의 전형적인 모습이었다. 그 테라스에는 지붕이 덮인 둥근 정자가 하나 딸려 있었다. 그곳에서 봄이면 아주 조용하게 공부할 수 있었다. 아인슈타인 부부는 친구들과 함께 이 멋진 광경을 즐기곤 했다.

부부는 여름에 크람가세 49번지로 이사했다. 그 지역은 일찍이 괴테가 찬사를 아끼지 않았던 곳으로, 베른에서도 가장 아름다운 곳이었다. 그들은 3층에 살았다. 그들의 집은 서로 진심으로 도와주고 함

알베르트 아인슈타인, 밀레바 마리치
1903년 1월 6일에 이 두 사람이 결혼했음을 삼가 알리는 바입니다.
베른, 틸리어슈트라세 18번지

께 얻은 인식들에 기뻐하는 똑똑한 인물들이 엄선되어 모이는 집합장소가 되었다. 일은 아주 순탄하게 진행되었다. 밀레바는 간식을 준비했다. 콘라트의 형제인 파울 하비히트는 블랙커피를 터키 방식으로 끓일 줄 알았고, 게다가 모임을 한밤중까지 즐겁게 할 책임이 있었다. 하비히트 형제, 모리스 솔로빈, 엔지니어 앙겔로 베소 부부가 정기적으로 왔다.

정기 모임에서는 책을 많이 읽었다. 그중에는 마흐의 역학, 밀의 논리학 체계, 흄의 인간 본성에 대한 논문, 플라톤의 대화편, 푸앵카레의 《과학과 가설》, 데데킨트의 《수란 무엇이고 무엇이어야 하는가》, 헬름홀츠의 강의록 및 연설문, 스피노자의 윤리학, 피어슨의 과학문법, 쇼펜하우어, 하이네 등의 글도 있었다. 이런 책들의 독서를 통해 배우고 토론을 했다.

논쟁이 끝나면 종종 조용한 베른의 밤거리를 산책하며 논의를 계속하기도 했다. 밀레바는 아인슈타인과 함께 흄의 질문에 특히 비중을 두었다. 즉, 과연 자아가 자기 자신 외부에도 실체를 갖고 있는가? 이 문제에 대해 두 사람은 종종 오랫동안 심오한 논의를 해나갔다. 부부는 이 모임을 두고 '아카데미아-올림피아' 라고 불렀다. 솔로빈에게 보낸 1908년 11월 25일자 편지에서 아인슈타인은 다음과 같이 말하고 있다.

piere und nachdem dieselben einzeln angefragt worden, ob sie sich zur Ehefrau und

n Ehemann nehmen wollen, hat der unterzeichnete Civilstandsbeamte auf ihre bejahende

twort die Ehe im Namen des Gesetzes als geschlossen erklärt.

Abgegebene Papiere:

Unterschriften der Ehegatten:

Albert Einstein

Mileva Einstein geb. Marity

Unterschriften der Zeugen:

Conrad Habicht, Wyderstr. 10

Maurice Solovine, Spitalgasse 57

Der Civilstandsbeamte:

증인들의 서명이 있는 알베르트, 밀레바 아인슈타인의 결혼 증명서 정말로 아름다운 시간이었어요. 우리가 재미있는 아카데미에서 공부하던 베른 시절 말이에요. 내가 나중에 가까이 알게 된 위엄 있는 그 어떤 아카데미보다 덜 유치했어요.

밀레바는 수학공부나 남편 아인슈타인과 공동연구 외에, 가정주부의 역할도 능숙하게 처리했다. 그녀는 자신에게 맡겨진 모든 일을 무척 잘 해냈지만 신체적인 결함 때문에 쉽게 피로를 느꼈다.

밀레바는 파울 하비히트와 함께 작은 전압의 측정을 위한 유도 기전기(起電機) 구성에 매달려 연구하기 시작했다. 이 작업은 오래 걸렸는데, 해야 할 일이 많아서뿐만 아니라 주로 철저함 때문이었다. 밀레바는 완벽해질 수 있는 모든 가능성을 철저하게 고려했다. 밀레바가 일찍이 취리히의 물리학 실험실에서 실제적이고도 학문적인 작업을 통해 이미 두각을 나타냈음을 우리는 잘 알고 있다. 연구 결과에 하비히트도 만족을 표시하면, 밀레바는 아인슈타인에게 특허 전문가로서 그 기계장치에 대해 기술하는 일을 맡겼다.

1908년 4월 1일자 《물리학 저널》에서 아인슈타인은 자신이 1907년 《물리학 연보》에 기고한 '미미한 전기량을 측정하기 위한 새로운 정전기 방법'을 언급하면서, 이 방법을 이용하면 기전기가 0.0005볼트에 이르기까지 극히 미미한 전압까지도 측정할 수 있다고 상세히 기술하고 있다. 이 글은 1908년 2월 13일에 작성되어 2월 15

일에 인쇄되었다. 이 장치는 그 전에 이미 특허를 받기 위해 아인슈타인-하비히트의 이름으로 신청되어 있는 상태였다(특허번호 35693).

하비히트 형제 중 한 명이 밀레바에게 왜 특허신청서에 본인의 이름을 적지 않느냐고 물었다. 그녀는 이렇게 대답했다.

"어째서요? 우리 둘 다 하나의 돌(아인슈타인의 이름을 분리해 '하나의 돌(Ein Stein)'로 변형하여 두 사람이 한 몸임을 강조-옮긴이)일 뿐인데요."

그래서 하비히트 역시 성만 제시한 것이다.

밀레바와 알베르트는 매우 집중적으로 일했다. 밀레바는 아인슈타인이 일에만 몰두하도록 강력하게 영향력을 행사했다. 아인슈타인의 고백에 따르면, 그는 혼자서는 규칙적인 작업 습관을 갖지 못하는 사람이었다. 아인슈타인의 작업 습관은 밀레바가 만들어준 것이었다. 남편이 규칙적으로 일하도록 하기 위해 밀레바는 밤낮 남편 곁에 앉아서 지칠 줄 모르는 에너지로 격려해주었다. 이리하여 규칙적인 작업 습관은 아인슈타인의 제2의 천성이 되어 평생 따라다녔다. 이에 비하면 아인슈타인이 훗날 밀레바와 헤어진 후 갖게 되는 주변 환경은 학문적인 면에서 볼 때 전혀 아무런 의미가 없었고, 창작의 기쁨도 지루하고 피곤한 다른 일들과 차이가 없었다.

아인슈타인 본래의 천성에 따르면, 그는 단호하지 못하고 이리저리 흔들리며 의심하는 성향이 있고, 자신이 대체 무엇을 원하고 어떻게 하려는지 스스로 명백하지가 않았다. 날씨가 좋은 어느 날 아인슈타인과 밀레바는 소풍 가는 것에 대해 이야기를 나누고 있었다. 그때 그로스만이 우연히 들러 아인슈타인에게 음악회에 가자고 제안했다. 아인슈타인은 너무 기뻐하며 동의했다. 그런데 밀레바가 이 사실을 전혀 모른 채 다시 방에 들어서자 아인슈타인은 이렇게 말했다.

"그럼, 물론이지. 소풍 가는 거야."

아인슈타인은 병역을 치를 수 없다고 면제 판정이 나오자 매우 의기소침했다. 남편의 태도를 보고 밀레바는 너무 놀라 마음의 평정을 찾을 수가 없었다. 아인슈타인이 평소에 늘 군인을 경멸했고, 군부대만 보아도 불쾌해했기 때문이다. 그는 이렇게 말했을 정도였다.

"대오를 맞추어 행진하는 데서 만족을 느끼는 사람이 있다면, 그건 뇌가 잘못된 것이니 척수가 뇌 구실을 하는 게 나을 거야."

그런데 이제 군인이 될 수 없기 때문에 절망하다니!

아인슈타인은 위기에 처하면 자기 자신은 물론이고 자신의 능력도 믿지 못했다. 반면 밀레바는 조금도 흔들림이 없었다. 훗날 네덜란드 의사이자 비교행동학자 안톤 빌헬름 니벤회이스의 아내가 되는 마르가레테 폰 윅스퀼이 한번은, 아인슈타인의 물리학적 견해들이 지나치게 환상적인 것 같다고 언급한 바 있다. 그러자 밀레바가 곧장 이렇게 응수했다.

"하지만 그는 자기의 견해들을 증명할 수 있어!"

두 사람은 획기적인 상대성이론에 매달려 함께 연구하면서, 다른 한편으로는 친구들의 모임을 통해 일반적인 교양을 확장시켰고 철학적 세계관도 성숙시켰다. 밀레바는 유쾌하고 우정 어린 친밀감을 좋아했지만, 순수하지 못한 모호한 이야기나 음담패설에는 동조하지 않았다. 그런데 아인슈타인은 일부러 그런 농담을 했다. 그러면 밀레바는 격분하여 '알베르트!' 하고 소리를 지르곤 했다. 아인슈타인은 즉각 농담을 멈추긴 했지만, 모인 사람들이 놀라움을 금치 못할 정도로 웃음을 터뜨리면서 밀레바가 시치미를 뗀다고 놀렸다. 또 밀레바가 펴는 수학적인 주장의 정확성을 의심함으로써 그녀가 화를 내면 이것을 보고 재미있어 했다. 밀레바는 동요하지 않는 자세로 얼굴이 빨갛게 되어 발을 구르면서 자신의 수학적 확신을 옹호했다. 아인슈타인은 밀레바의 이런 모습을 좋아했다. 한번은 그가 이렇게 말했다.

"나는 자기의 믿음을 저렇게 고집스럽게 변호할 수 있는 사람을 보면 그 누구든 감탄하네."

대단히 재능이 많고 너무 다른 이 두 사람의 결혼은 그 당시만 해도 무척 행복했다. 밀레바는 남편과 함께 있는 게 행복했고, 또 남편을 위해 남편 주위에서 일할 수 있어서 만족스러웠다. 일상의 모든 짐은 밀레바가 짊어졌다. 아인슈타인은 자신의 창작에 몰두할 수 있었고, 밀레바는 알고 있는 지식뿐 아니라 남편에 대한 믿음과 격려로도 그를 도왔다. 밀레바는 아인슈타인이 그녀를 다른 부인들과 구분시켜주는

베른의 베란다에 있는 밀레바 마리치와 알베르트 아인슈타인

업적에 대해 높이 평가하며 사랑해주면 그것으로 황홀했다. 밀레바는 남편이 조용하고 걱정 없으며 질서가 잡힌 생활을 할 수 있게 해주었다. 이런 점은 밀레바의 본질이나 기질에도 맞는 측면이 있기 때문에 조화롭게 잘 어울릴 수 있었다.

자신을 매우 힘들게 하는 신체적인 결함에도 불구하고 밀레바는 학문적인 작업 외에 가정 살림을 다른 사람의 도움 없이 전부 도맡아했다.

아인슈타인은 김나지움에서 수학과 물리학을 가르치는 교사가 된 콘라트 하비히트에게 1904년 4월 14일 편지를 쓴다.

헤이, 이 가련한 농땡이 친구들아! 왜 진척되는 게 없나? 여기에서 '아카데미'의 옛날 회원 둘이 특별한 모임에 대해 꿈꾸고 있네. 그러니까 머리를 들게, 이 게으름뱅이 회원아. 우리는 크람가세 49번지 3층에서 기쁜 마음으로 자네들을 기다리겠네. 몇 주 후면 우리는 아이가 생긴다네!

아인슈타인은 이와 거의 동시에 절친한 친구 그로스만에게 베른에서 날짜가 적히지 않은 편지를 보낸다.

자네와 나는 특이하게 닮은 점이 있군. 우리도 다음 달이면 아이가 생긴다네. 자네는 나에게서 일을 얻게 될 걸세. 일주일 전에 비데만에게 연보를 위해 일거리를 보냈네. 자네는 평행선 공리가 없는 기하학을 맡고, 나는 동력학적 가설이 없는 원자열을 맡아서 연구하는 거야……..

아인슈타인 부부는 첫 아이를 기다리면서 몹시 흥분했다. 1904년 5월 14일 한스 알베르트가 태어났을 때 부모는 감격했다. 그때부터는 밀레바가 할 일과 돌볼 것이 훨씬 많아졌다. 알베르트는 자기가 할 수 있는 한 아내를 도왔고, 아들을 유모차에 태우고 베른의 골목길을 자랑스럽게 누볐다. 밀레바는 아들을 먹이고 돌보는 데 하루 일과를 철저하게 따랐다. 아들은 청결하고 배부르고 건강했기 때문에 부모가 함께 학문적인 연구를 계속할 때에도 걱정할 필요가 없었다.

아인슈타인의 일생을 통틀어볼 때, 밀레바는 1896년에 공부를 시작해서 1914년 7월까지 계속 아인슈타인 가까이 있었다. 공부할 때나 공동의 관심사가 있었을 때, 그리고 세계사 연보에 실릴 만한 사건을 둘러싸고 씨름할 때에도 함께 있었다. 밀레바는 물리학의 과학적 혁명의 증인이었다. 또한 과학혁명에서 새로운 이념의 실현을 위한 이상적인 전제 조건들을 계발하고 창출하는 것 외에 수학에도 기여를 했다.

아인슈타인이 오해받고 이해받지 못했을 때에도 밀레바는 그의 곁에 있었다. 밀레바의 믿음과 지지가 있었기에 아인슈타인은 완전히 절망적인 상황에서 버틸 수 있었다. 밀레바는 논란의 여지가 없는 자신의 큰 재능으로 아인슈타인과 그의 성공을 위해 일했다. 그녀는 고국에서부터 품었던 결코 작지 않은 야망을 아인슈타인의 명성을 위해 희생했다. 밀레바 자신은 이러한 성공에서 알려지지 않은 주변부 인물로 머물렀다. 삶에 큰 의미를 지녔던 모든 것을 바로 아인슈타인의 성공을 위해 희생한 채 말이다.

아인슈타인은 밀레바의 동생인 밀로쉬에게 이렇게 썼다.

밀레바는 내 능력을 믿고, 내가 자연의 사건들에 있는 진리를 인식할 수 있다고 생각하고 있어. 그에 관한 그릇된 학설들을 무시하고 말이야. 내가 우주에 있다고 추정되는 에테르의 의미에 처음으로 관심을 갖게 된 것은 아내 덕분이야.

아인슈타인과 밀로쉬는 서로 마음이 잘 통했고, 밀로쉬가 파리에 잠깐 체류한 후 의학공부를 계속하기 위해 베른으로 왔을 때 가까워졌다. 밀로쉬는 1905년 여름에 취리히대학에서 한 학기를 공부했다. 밀로쉬는 쉬는 동안 누나를 많이 도와주었으며, 밀레바가 아인슈타인의 연구를 검증하는 일에 몰두할 수 있게 해주었다. 세 사람은 밤늦게까지 연구에서 다루어진 문제들에 대해 토론을 벌였다. 밀로쉬는 수학에 정통했으며, 수학의 발전에 대해서도 관심이 대단했다.

베른, 위대한 1905년

밀레바의 노력은 두 사람에게 풍성한 결실을 가져다주었다. 1905년 과학기관지로서는 최고의 권위를 지닌 《라이프치히 물리학 연보》에 두 사람의 연구작업 다섯 가지가 실렸다. 여기에 실린 글들은 아인슈타인에게 세계적인 명성을 안겨주었고, 밀레바를 더할 나위 없이 행복하게 만들어주었다. 그 내용은 다음과 같다.

· 아인슈타인의 박사학위논문 〈분자 차원의 새로운 결정〉
· 광자(光子)에 의한 빛의 발생을 설명하고 있는 〈빛의 발생과 변화에 관련된 발견에 도움이 되는 견해〉. 이 글에 제시되어 있으며, 나중에야 비로소 실험을 통해 입증된 광전자 법칙은 1921년 아인슈타인에게 '이론물리학 분야에서의 업적에 대해, 특히 광전효과(물질이 빛을 흡수하여 자유전자를 생성하는 현상 - 옮긴이)의 법칙을 발견한 것에 대해' 노벨상을 가져다주었

다. 이 글에는 '1905년 3월 17일, 베른'이라고 기입되어 있는데, 한스 알베르트가 아직 한 살이 채 안 되었을 때였다.

· 〈정지 액체 속에 떠 있는 작은 입자들의 (열의 분자운동론에 의한) 운동〉

· 〈운동하는 물체의 전기역학〉. 30쪽에 불과한 이 글의 초고는 사라졌는데(아마 폐기된 것으로 추측) 특수상대성이론을 포함하고 있다.

· 〈물체의 관성은 에너지 함량에 의존하는가〉

이 작업은 모두 1905년 또는 그 이전에 완성되었다. 그것은 인간의 지성이 매우 짧은 기간 동안 최대한 부지런히 노력하여 달성할 수 있는 최고의 경지였다. 첫번째와 세번째 작업만 취리히에서 이루어졌다. 아인슈타인 부부는 공동 창작의 가장 결실 있는 시간을 베른에서 체험했다.

아인슈타인이 나중에 창조한 모든 것은 밀레바가 직접 함께 하면서 나온 성과로부터 기인하는 것들로, 그 성과는 나중에 비교적 긴 시간을 두고 발전되었다. 아인슈타인의 친구 라이히슈타인은 그 이유를 알아보지도 않고 간단히 정리해버린다.

"아인슈타인의 삶에서 짧은 시간에 그렇게 결실이 많았다는 것은 놀랍다."

이러한 작업의 초고나 메모가 전부 사라져버렸다는 게 너무도 유감이다. 이 사실에 대해 1944년 2월 15일자 뉴욕타임스는 다음과 같이 밝히고 있다.

"아인슈타인은 1905년 이론을 발표한 후 원본을 폐기했다. 워싱턴의 '의회도서관'에 원본을 가져오는 사람에게 1150만 달러의 포상금이 걸렸다."

그래서 두 사람 각자에게 얼마씩 할당되는지는 직접 증명할 수 없게 되었다.

아인슈타인에 관한 자료를 많이 입수한 피터 미셸모어는 이렇게 언급한다.

"밀레바는 아인슈타인이 수학 문제를 풀 때 도와주었다."

아인슈타인의 작업에서 밀레바는 아이디어를 함께 창조한 사람은 아니었다. 어떤 다른 사람도 아이디어의 공동 창조자는 될 수 없는 법이다. 그렇지만 밀레바는 남편의 아이디어를 전부 검증하고 남편과 함께 그 아이디어를 논구했으며, 막스 플랑크 양자론의 확장 및 특수 상대성이론에 대한 개념에 수학적인 표현을 부여해주었다.

아인슈타인은 가장 중요한 연구에 매달리는 동안 열심히 움직였다. 그리고 작업의 진척과 더불어 점점 더 흥분되어갔다. 이러한 구상을 초고로 옮기는 데 5주가 걸렸다. 밀레바는 또다시 모든 것을 조정하고 검증했다. 그녀가 마침내 아인슈타인에게 이렇게 말했다.

"이것은 굉장한, 정말 대단하고 멋진 작품이에요."

밀레바의 말을 듣고 아인슈타인은 원고를 라이프치히에 있는 《물리학 연보》 편집부에 보냈다.

아인슈타인은 자신이 완전히 녹초가 되었다고 생각했기에 침대에 누워야 했다.

"의사를 부를까요?"

밀레바가 걱정스런 표정으로 물었다.

"아니오. 곧 괜찮아질 거요."

"하지만 당신은 아파요."

"아니오. 그냥 지쳤을 뿐이오. 지친 것뿐이오."

아인슈타인은 이렇게 말하고 차츰 진정되었다.

이런 식으로 그는 2주를 보냈다. 그러고는 다시 세상으로 돌아왔고, 특허청의 일상적인 업무에도 복귀했다.

카를 젤리히의 보고에 따르면, 아인슈타인의 과거 스승으로 아인슈타인을 잘 알았을 뿐더러 친구이기도 했던 위대한 수학자 헤르만 민코프스키는 아인슈타인의 글이 발표되었을 때, 훗날 원자력 연구가가 된 막스 보른에게 이렇게 말했다고 한다.

"그건 내게 굉장히 놀라운 일이었어요. 아인슈타인은 말도 못하게 농땡이나 치는 사람이었고, 더욱이 수학에는 흥미도 없었어요."

그런데 그의 분신인 밀레바가 수학에는 훨씬 더 관심이 있었다.

아인슈타인의 아이디어가 지닌 의미를 처음으로 파악한 사람이 바로 그녀였다. 또한 완전히 확신을 갖고 마르가레테 폰 윅스퀼에게, 아인슈타인이 주장하는 모든 것을 증명할 수 있다고 말할 수 있었던 사람도 그녀였다. 그런데 모든 증명을 실제로 수행한 사람은 밀레바, 그녀였다. 미셸모어는 이렇게 진술한다.

"베른에서 아인슈타인과 함께 있었던 것도 그녀이고, 아인슈타인이 석유램프의 불빛 아래서 상대성이론 때문에 고통을 받았을 때 도와준 사람도 그녀였다."

아인슈타인의 건강이 회복된 후 밀레바는 노비사드에 있는 친정집을 방문하고 카치에서 휴식을 취하자고 제안했다. 그곳의 농장에서 밀레바는 유년기를 보냈었다. 그래서 이들 부부는 여름에 여행길에 나선다. 14개월 된 아들 한스 알베르트도 데리고 갔다.

도중에 취리히에 있는 친구들을 방문하고, 그 다음에는 벨그라드에서 하루를 묵었다. 그곳에는 엥겔브레히트 기숙사 시절의 친구들이 살고 있었다. 아돌피네 카우플러는 생물학 교수 코샤닌의 아내였고, 밀라나 보타는 의사이자 작가인 스테파노비치와 결혼했으며, 헬레네 카우플러는 취리히에서 대학 다닐 때 아인슈타인과 함께 살았던 엔지니어 사비치의 부인이 되어 있었다. 이들 부부에 대한 영접은 극진했다.

칼레메그단을 산책했는데 아인슈타인은 이 도시의 포도밭에 매료되었다. 그 다음 일주일은 벨그라드 근교의 라코비차 옆에 있는 키예보 마을에서 보냈다. 그 당시 어린아이였던 조라 사비치(훗날의 카라 카셰비치)의 기억에 따르면, 나중에는 메말라버린 작은 호숫가에 호텔이 있었다고 한다. 키예보는 그 당시만 해도 벨그라드 사람들이 소풍 장소로 꼽는 인기 있는 곳이었다.

친구들 집에서 휴식을 취한 후 아인슈타인 가족은 노비사드로 향했다. 그곳에서 밀레바의 친정 가족은 이들을 성대하게 환영해주었다. 그곳에 남아 있는 일가친척들은 모두 밀레바와 인사하고 싶어했고, 밀레바의 남편과 아들을 보려고 했다. 아인슈타인은 아주 자연스럽게 행동했으며, 어린 아들을 무등 태워 노비사드의 골목길들을 누비고 돌아다녔다.

밀레바의 어머니는 사위와의 활기찬 대화에는 제대로 낄 수 없었다. 세르비아어만 할 줄 알았기 때문이다. 하지만 밀레바는 친정 식구들이 아인슈타인을 진심으로 맞이해주어서 너무 행복했다. 아버지와의 대화에서 그녀는 이렇게 말했다.

"최근에 우리는 매우 중요한 작품을 끝냈어요. 그 작품이 남편을 세계적으로 유명하게 만들어줄 거예요."

이 대화에는 특히 밀레바의 친척이자 노비사드 시장 발라 박사의 부인인 데사나 타파베리차가 함께 했다. 그녀는 나중에 그 당시 주고받은 대화의 많은 부분을 이야기해주었다. 그 전에 밀레바는 그녀에게 자신들의 작업의 성공에 대해 매우 기뻐하며 편지를 보냈다.

한편 동생 밀로쉬는 당시 클라우젠부르크(지벤뷔르겐)에서 의학을 공부하는 학생이었다. 밀로쉬 역시 비범한 재능을 지녔다. 게다가 품성이 고결했으며 의젓하고 친절했다. 종종 동료들이 그를 방문했는데, 전부 젊은 지식인들이었다. 마침 이들이 왔을 때 아인슈타인도 동석한 적이 있었다. 여자들에 대한 이야기가 나오자 아인슈타인은 이렇게 말했다.

"나는 아내가 있어야 해요. 아내는 날 위해 모든 수학문제를 풀어줘요."

이 말을 듣고 밀레바가 그렇다고 확인해주었다. 이 대화를 생생하게 기억하면서 리우보미르-보타 두미치 박사는 다음과 같이 쓰고 있다.

우리는 밀레바를 마치 신을 경배하듯이 올려다보았다. 그녀의 수학적 지식과 독창성은 우리에게 깊은 인상을 남겼다. 비교적 간단한 수학문제는 그냥 머릿속에서 풀어냈고, 유능한 전문가라 하더라도 푸는 데 몇 주나 걸리는 문제도 이틀 만에 해결했다. 그녀는 매번 독창적인 자기 나름의 방법을 찾아냈는데, 그것도 가장 빠른 지름길에 해당되는 방법이었다.

우리는 그녀가 알베르트를 만들었으며, 알베르트가 누리는 명성의 창조자가 다름 아닌 그녀였음을 알았다. 그녀는 그를 위

해 모든 수학문제를 풀었는데, 특히 상대성이론에 관계되는 문제
를 해결해주었다. 그녀가 그처럼 탁월한 수학자였다는 사실이 그
저 놀라울 따름이었다.

저널리스트 미샤 스레테노비치는 벨그라드의 《폴리티카》 1929
년 5월 23일자에, 취리히 시절 밀레바의 가장 절친한 친구였던 밀라나
보타와의 인터뷰를 실었다.

아인슈타인의 이론의 생성에 대해 보고하는 일을 미차에게 맡겼
으면 가장 잘 해냈을 거예요. 그녀도 이론을 만드는 일을 함께 했
으니까요. 5~6년 전에 그녀가 내게 그 작업에 대해 말했는데 힘
들어했어요. 아마도 그녀의 삶에서 가장 아름다웠던 시간을 기억
한다는 게 힘들었을 거예요. 아마도 전 남편의 엄청난 명성에 조
금도 누를 끼치고 싶지 않았을 거예요.

밀레바의 아버지가 아들과 그 친구들에게 이야기한 것 역시 의미
심장하다. 딸과 사위를 방문하러 처음으로 스위스에 갈 때 10만 크로
넨(약 10만 프랑보다 많은 금액)의 목돈을 가지고 갔다. 딸 부부에게 선
물로 주기 위해서였다. 이들 부부의 물질적 상황이 그다지 좋지 못했
고, 또 밀레바가 아인슈타인을 경제적으로 뒷받침하고 있다는 사실을

알고 있었기 때문이다. 그런데 스레테노비치의 보고에 따르면 아인슈타인은 장인의 선물을 거절하면서 이렇게 말했다고 한다.

"제가 따님과 결혼한 것은 돈 때문이 아닙니다. 따님을 사랑하고, 따님이 제게 필요하고, 우리 두 사람은 하나이기 때문에 결혼한 것입니다. 제가 창조하고 이룩한 모든 것은 밀레바 덕분입니다. 그녀는 제게 천재적인 영감을 주는 사람입니다. 삶은 물론이고 학문에서도 죄를 범하지 않도록 저를 보호하는 수호천사입니다. 그녀가 없었다면 제 작품은 완성은커녕 시작도 되지 못했을 겁니다."

밀레바는 아버지의 커다란 선물을 거절하는 것에 전적으로 동의했다. 그런데 밀레바의 아버지는 이 이야기를 젊은이들에게 해줄 때 눈물을 보였고, 아인슈타인의 태도에 감탄했지만 자존심이 많이 상했다. 그 자신은 돈을 높이 평가했기 때문이다.

고향에 머무는 동안 밀레바는 아인슈타인과 함께 티텔은 물론이고 어머니의 가족도 방문했다. 어머니의 가까운 친척이 빌로보에서 결혼을 하기 때문에 두 사람은 결혼식에 참석했다. 아인슈타인은 결혼 풍습을 무척 흥미로워했고, 음식과 음료가 풍성하게 차려진 것을 보고 놀랐다. 평소에 금욕주의자처럼 생활하는 그였지만, 다른 사람들처럼 기쁘게 포도주도 마셨다. 그는 평생 이 결혼식을 기억했다. 특히 화려하게 치장된 말들에 대한 기억을 평생 간직했다. 말은 아인슈타인이 가장 좋아하는 동물이었다. 형식에 구애받지 않는 아인슈타인의 선량함과 선한 웃음 때문에 참석한 모든 사람들이 그를 좋아하게 되었다. 사람들은 아인슈타인을 '우리 사위' 라고 불렀다.

2년 후 다시 한번 노비사드에 갔을 때, 아인슈타인은 베른대학의 사강사였고 이미 유명해진 상태였다. 노비사드의 지식인들은 아인슈타인의 중요성을 알고 있었고, 존경의 시선으로 그를 바라보았다. 그러나 헝클어진 장발을 한 채 어린 아들을 어깨에 태우고 기뻐하며 골목길들을 누비는 이상한 사람으로 보기도 했다. 이런 모습은 오래된 질서와 예의범절에 익숙해 있는 젊은 지식인들을 약간 혼란스럽게 만들었다. 그래서 아인슈타인을 두고 '마리치의 바보 사위' 라고 부르는 일도 벌어졌다. 그렇지만 학생들은 카페 '엘리자베트 왕비를 위하여' 에서 아인슈타인의 자리 주위를 에워싸곤 했다. 많은 학생들이 아인슈타인의 논문들을 알고 있었고, 또 그 논문들을 알베르트와 밀레바가 공동작업한 결과로 여겼다. 그곳에 모인 학생들 모두 술을 마시지 않았지만, 이 점에 대한 아인슈타인의 입장이 어떤지 알지 못했다. 대화 중에 아인슈타인은 학생들에게 이렇게 말했다.

"난 의사도 약도 믿지 않고, 또 금주론자의 말도 믿지 않아요. 세르비아 사람은 태어나서 죽을 때까지 성장하는 동안이나 여행할 때, 또 결혼할 때와 장례식에서 술을 마십니다. 그런데도 세르비아 사람들은 독창적인 민족입니다. 아내 때문에 나는 세르비아 사람들을 높이 평가합니다."

"우리는 당혹했어요."

이 대화에 참여했던 두미치 박사는 그때 받은 인상을 이렇게 피력했다.

"그리고 성공은 다름 아니라 우리가 술을 마시고 담배를 피우기 시작했다는 것이에요."

1905년 6월 30일에 《물리학 연보》(17권, 10번, 891~922쪽)에 넘긴 원고는 9월 26일자에 실렸다. 수학적 표현치고는 너무 깨끗하고 믿기 어려울 정도로 간결하며 우아한 이 논문은 세기 전환기에 있었던 물리학의 혁명적인 발전에서 가장 큰 업적에 해당된다.

오늘날의 독자가 80년 전에 인쇄되어 이미 누렇게 변한 이 논문을 읽는다 해도 경외심을 갖지 않을 수 없을 것이다. 이 논문의 생성과 편집에 위대한 세르비아 여성 밀레바 마리치가 관여했다는 사실에 자부심을 느끼지 않을 수 없다. 논문의 글 속에 그녀의 정신이 살아 있다. 그곳에 제시된 방정식들의 간결함은 거의 의심의 여지없이 그녀의 문체임을 가리킨다. 수학이나 삶에서 똑같이 그녀 특유의 스타일이 드러나고 있는 것이다. 밀레바는 언제나 불필요하게 얽히는 것이나 격정을 제거하는 방식을 취했다.

이 논문은 다음과 같은 말로 끝난다.

마지막으로, 여기에서 다룬 문제를 갖고 연구할 때 친구이자 동료인 베소가 성실하게 나를 도왔다는 점을 언급하며, 여러 가지 중요한 자극을 준 것에 감사한다.

베소는 훗날 이러한 감사 표시에 대해, 독수리인 아인슈타인이 참새인 베소를 날개로 낚아채 하늘 높이 올라갔다고 반어적으로 논평했다. 그곳에서 참새는 좀더 높이 날아갔다고.

앙리 푸앵카레가 아인슈타인보다 먼저 이러한 문제를 전부 다른 방식으로 풀었다는 사실을 언급하지 않을 수 없다. 그 당시에는 검증이 대단히 어려웠기 때문에, 그는 자신의 해결 방안을 발표하지 못했다. 그의 열역학이론의 경우도 마찬가지다. 푸앵카레는 그때까지만 해도 열균형 법칙, 특히 열역학 제2법칙을 역학의 방정식 및 확률론만으로는 도출할 수 없다고 생각했다. 설사 맥스웰과 볼츠만이 그들의 이론에서 이런 목표에 근접했긴 하지만 말이다. 또한 미국의 물리학자 기브스가 1901년에 이미 같은 문제를 연구했고 약간 다른 방식으로 해결했다는 사실도 알지 못했다.

아인슈타인 부부는 특별한 통찰력으로 역학의 일반 방정식에서, 임의로 배열된 분자들로 이루어진 체계를 위한 균형의 조건을 도출해냈다. 때가 되면, 같은 발견들이 여러 곳에서 서로 무관하게 이루어지기도 한다. 그러나 그렇다고 해서 이런 발견을 한 사람들 중 그 누구의 공적도 줄어드는 건 아니다.

특수상대성이론에 대한 공로로 아인슈타인은 런던의 왕립학회로부터 금훈장을 수여받았다. 아인슈타인은 이 상에 대해 다음과 같이 감사의 말을 남겼다.

자기에게 허용된 사상, 즉 자연의 영원한 비밀을 좀더 깊이 들여다보겠다는 사상을 발견하는 사람에게 커다란 은총이 주어졌습니다. 뿐만 아니라 그런 사람이 그 시대 최고 인사들의 인정과 공감과 이해도 받는다면, 그것은 한 인간이 감당할 수 있는 것 이상의 행복이 될 것입니다.

수많은 과학자들은 아인슈타인의 논문이 지니는 의미를 금세 알아챘고, 그는 곧 유명해졌다. 과학자들은 아인슈타인이 물리학 현상들을 새롭게 설명한 데서 혁명적인 요소를 보았고, 과학과 세계관의 발전에서 그것이 지니는 의미를 인식했다. 아인슈타인은 오늘날 그 이름만으로도 위대하다. 버나드 쇼는 지금까지 인류에게 중요한 의미를 지니는 남자들은 단 여덟 명에 불과하다고 말한다. 그들은 피타고라스, 프톨레마이오스, 아리스토텔레스, 코페르니쿠스, 갈릴레이, 케플러, 뉴턴, 그리고 아인슈타인이다.

탁월한 러시아 물리학자로 과학아카데미 물리학 기술부 소장이었다가 나중에 반도체 연구소 소장을 역임한 요폐는 ‘아인슈타인에 대한 기억’이라는 글에서, 1905년 《물리학 연보》 17권에 실려 새로운 시대를 연 아인슈타인의 논문 세 편의 원본에는 ‘아인슈타인-마리치’로 서명이 되어 있었다고 밝혔다. 아브라함 요폐는 뢴트겐 조수로 일할 때 원본을 보았다고 한다. 뢴트겐은 《물리학 연보》의 이사진으로서, 편집부에 제출된 기고문들을 평가하는 일을 담당했다. 뢴트겐은 기고문들을 검토하는 일에 자신의 가장 우수한 제자 요폐를 끌어들였다. 그래서 요폐는 오늘날 더 이상 손에 넣을 수 없는 원고를 직접 볼 수 있었다.

아인슈타인은 지치지 않고 꾸준히 일을 했는데, 대개는 사람들과 함께 하거나 어떤 한 사람과 심도 있게 상의하면서 연구를 해나갔다. 그는 자신의 아이디어를 다른 사람들에게 말함으로써 그들의 판단도 듣고 다양한 시각에서 문제를 조명하는 유형이었다. 1905년 이후에도 대단히 많은 일을 했고 사람들과 함께 해나갔지만, 밀레바와 함께 이해하고 공감하면서 연구했던 1905년까지의 업적을 능가하진 못했다.

밀레바는 남편이 말했듯이 ‘아주 특이한 여자’였다. 밀레바는 어떤 유형에도 끼워 맞추어질 수 없다. 그녀에게서는 어떤 전형적인 면모가 두드러지지 않기 때문이다. 또한 그녀의 내적인 면모도 결코 제대로 드러나지 않았다. 밀레바는 자신의 감정이나 생각을 표현하지 않았다. ‘아카데미아-올림피아’의 모임이 있을 때에도 격렬한 논쟁에 관여하지 않았다. 그 모임의 일원이었던 모리스 솔로빈은 이렇게 회상했다.

"밀레바는 지적이고 얌전한 사람이었다. 주의 깊게 귀를 기울였지만 그녀는 우리의 토론에 한번도 개입하지 않았다."

이 그룹의 연구가 무척 진지하긴 했지만, 온갖 법석을 떨거나 긴장을 완화시키는 기분 좋은 시간도 있었다. 이럴 때 밀레바는 어느 정도까지만 함께 했다. 그런 시간을 재미있게 느꼈지만, 그녀 나름의 방식대로 말을 아꼈다. 밀레바라는 인물은 항상 배경에만 머물렀다. 그녀는 시급한 주제에는 함께 했다. 모든 것에 대해 남편하고만 이야기했지만, 자기 자신의 내면에 대해서는 남편과도 이야기하지 않았다.

아인슈타인은 본래부터 밀레바의 내면생활에 대해 진지한 관심이 없었다. 베른 시절 때도 마찬가지였다. 아내의 내면에 대해 거의 아는 바가 없었기 때문에 아인슈타인의 눈에 밀레바는 기이하게 보였다. 아인슈타인이 공부를 시작하여 프라하 시절에 이르기까지 밀레바는 그에게 없어서는 안 되는 동료였다. 그런데 나중에 아인슈타인은 아내는 물론이고 자식들에 대해서도 거의 신경을 쓰지 않았다.

결국 나중에 이르러서는 밀레바가 열심히 행한 것 모두가 잊혀졌다. 물론 상당 부분 그녀가 의도한 것이지만 어쨌든 부당했던 것만은 틀림없다. 이제는 그녀의 디플롬 논문 제목조차 알려져 있지 않다. 베버 교수가 밀레바의 논문을 극찬했고, 밀레바 스스로 1900년 12월 11

일에 헬레네 사비치에게 보낸 편지에서 자신의 논문에 대해 언급을 했는데도 말이다.

취리히에 있는 출판사 '오리고'는 율리아 니글리가 아인슈타인의 가족에 대해 많이 언급하고 있는 《기억의 세계》와, 1897년부터 1938년까지 알베르트와 밀레바가 주고받은 서신의 출간을 예고했다. 이 두 권의 책 중 하나도 아직 출판되지 않았다. 출판사가 밝힌 바에 따르면, '법적인 문제 때문'이라고 한다.

자녀 교육에 관한 편지

1906년 밀레바 마리치가 벨그라드에 있는 친구 옐레나 사비치에게 보낸 날짜가 기입되지 않은 편지 한 통이 보존되어 있다. 이 편지에서 밀레바는 아이의 교육에 대한 생각을 펼치면서 조언을 구하고 있다. 독일어로 씌어진 이 편지 끝에 아인슈타인의 추신이 붙어 있다.

사랑하는 친구에게

보내준 엽서 고마워. 네 엽서를 받고 나는 정말 부끄러웠어. 그래서 보다시피 가능한 한 빨리 펜을 잡고 우리 집 이야기를 몇 자 적을까 해. 우선 키예보에서 우리 가족을 친절하게 맞이해주었던 것, 그리고 올해 우리에게 좋은 일이 있을 거라고 기대해주었던 것 정말 고맙다는 말을 해야겠어. 나는 너희 집 식구들이 다음 여름에 스위스로 오면 어느 멋진 곳에서 함께 시간을 보낼까 생각하곤 해. 우리의 빈약한 돈지갑이 허용하는 한 말이야.

너의 귀여운 아이들을, 헬레나를 생각하면 재미가 있어. 율카는 벌써 얼마나 똑똑한 아이니! 그 아이는 정말 놀라워. 우리집 아들은 웃기는 놈이야. 그 애 때문에 종종 웃음을 참느라고 무척 고생해. 장난꾸러기 같은 기발한 생각을 진지하게 듣는 척하려면 이를 악물고 나오는 웃음을 참아야 하거든.

이게 일반적인 건지 잘 모르겠어. 갑자기 그 아이의 정신이 깨어나기 시작하는 것 같았어. 그 아이가 갑자기 완전히 달라졌어. 모든 것에 대해 자기 식대로 생각하고 믿기 어려울 정도의 질문을 퍼붓기도 해. 너는 이런 상황을 아이들에게서 이미 보았겠지. 우리 아들은 요새 더욱 사랑스럽기만 해. 작지만 벌써 어른처럼 행동하거든. 남편은 집에서 쉬는 시간을 아들하고만 놀면서 보내. 남편의 명예를 위해, 직장일 말고 아이하고 노는 게 전부여서는 안 된다고 바가지를 긁지 않을 수 없어. 그가 쓴 논문들이 벌써 산더미처럼 쌓이고 있거든.

지금까지 네 손에 있는 아이들의 교육을 어떻게 하고 있는지 정말 궁금해. 어떤 나름의 원칙들을 따르고 있니, 아니면 남들이 이미 검증한 원칙들이 있니? 나는 정말 내게 도움이 될 만한 해당 자료들이 있는지 찾아보았지만 소용이 없었어. 너라면 내게 조언해줄 수 있지 않을까. 그러면 무척 고마울 텐데.

우리가 좀더 나이를 먹은 것 말고, 우리가 많이 변했다고 생각하니? 나는 종종 취리히의 어떤 방에서 가장 아름다운 시절을 보내고 있는 것 같은 느낌이 들곤 해. 옛날 일들에 파묻히다니, 정말 우습다. 그 시절이 정말 좋았던 것 같아. 너를 보아도 그 당시의 네 모습처럼 여겨지곤 해. 훗날의 네 모습대로가 아니고 말이야. 그게 이상하지 않니?

막내 마라는 어때? 네 언니와 동생은 잘 지내니? 그들 모두에게 진심 어린 인사를 보낸다. 혹 밀라나에 대해 알고 있니? 너와 네 남편에게 한 해가 바뀌는 시점에서 많은 행운이 함께 하길 바란다.

─미차

할 말을 미차가 벌써 다 쓰는 바람에, 내가 따로 할 말이 거의 없네요. 진심 어린 인사를 보내며 행운이 함께 하길 빕니다.

─알베르트 아인슈타인

다시 즐겁게 만나기를!

밀레바와 아들 한스 알베르트

취리히 무송슈트라세 12번지 주택

프라하, 흔들리는 관계

1909년 취리히대학에는 이론물리학 촉탁 교수 자리가 비게 되었다. 학과의 대다수 사람들은 오스트리아 사람 프리드리히 아들러를 후임으로 세우고 싶어했다. 아들러는 오스트리아 사민당을 세운 빅토르의 아들이었다. 대단히 재능 있는 이 학자는 나중에 정치에만 열중하다가 1916년 수상 칼 그라프 슈튀르크를 살해했다. 수상에게 제1차 세계대전의 주된 책임이 있다고 보았기 때문이다.

아들러는 아인슈타인도 후보라는 사실을 알고 아인슈타인을 임명할 가능성이 있다면 자기를 선택하는 건 의미가 없다는 내용의 편지를 학과에 보냈다. 자신은 아인슈타인의 물리학적 재능에 전혀 견줄 바가 못 되기 때문이라고 했다. 개인적으로 접촉할 때 아인슈타인이 항상 호감을 얻어내는 것은 특이한 일이다. 적대 관계가 생긴 것은 언제나 개인적인 접촉이 없는 경우였고, 또 학문적인 이유 때문에 형성된 것도 아니었다. 그러한 반감은 특히 나치즘과 그 선구자들에 의해

유포되었다.

아들러의 편지에 대해 알게 되었을 때 아인슈타인은 무척 놀라고 감동했다. 아들러는 아인슈타인의 친구이자 밀레바의 친구였지만, 그들과는 여러 가지로 견해차가 커서 헤어진 상태였다.

아인슈타인은 1909년 5월 7일부로 취리히대학의 촉탁 교수로 임명된다. 아인슈타인 가족은 친구 콘라트 하비히트의 집이 있는 시어스에서 여름을 보낸 후 베른에서 취리히로 이사했다. 그들은 무송슈트라세 12번지 3층에 살았는데, 바로 프리드리히 아들러의 집 위층이었다. 아들러는 1903년 리투아니아계 러시아 여성 카챠 게르마니셰브카야와 결혼한 후부터 그곳에 살고 있었다. 그 전에는 페스탈로치슈트라세 37번지에 살았었는데, 그 집에 바로 전까지 살았던 사람은 베를린으로 이사간 로자 룩셈부르크였다. 카챠는 한때 밀레바, 아인슈타인, 아들러와 함께 민코프스키의 분석역학에 대한 강의를 들었다. 결혼 후에 그녀는 학업을 포기했다.

취리히 주민등록관청 카드에는 아인슈타인 가족이 1909년 10월 22일부로 다시 전입신고가 되었다고 기록되어 있다. 취리히에서도 밀레바의 집은 똑똑한 두뇌와 재능 있는 예술가들이 모이는 집합 장소가 되었다. 1910년 초 밀레바의 부모가 딸집을 방문했다. 밀레바는 취리히의 명소들을 안내해주었다. 당시 아인슈타인은 여러 나라 학자들의 방문을 받았고 장시간 토론이 이어졌다. 상대성이론은 그 당시에 전반적으로 알려져 있었으나, 아직 충분히 알려진 것은 아니었다. 노비사드로 돌아온 밀레바의 어머니는 자랑스러워하며 이렇게 이야기했다.

"우리 미차가 세상 사람들에게 그렇게 대단하게 평가받게 될 줄 정말 몰랐어요. 그 애 집에 있었을 때 세계의 위인들과 머리가 좋은 사람들이 방문하였는데, 미차가 동석하기 전에는 이야기를 시작조차 하지 않으려 했어요. 미차는 늘 그랬듯이 멀리 떨어져 앉아 있으면서 그저 사람들의 이야기에 귀를 기울였는데, 그러다가 미차가 이야기를 시작하면 모든 사람이 그 애 쪽으로 몸을 돌리고 그 애가 말하는 걸 전부 무척 주의해서 받아 적었어요."

밀레바의 사촌으로 밀레바의 부모 집에서 자라난 벨그라드 출신의 소피야 갈리치-골루보비치 부인은 밀레바 어머니의 보고를 무척 잘 기억하고 있다. 일상의 일들에 대해 밀레바는 건전한 현실감각으로 대처했다. 그녀는 모든 것을 돌보았고, 현실감각이 없는 남편이 걱정하지 않도록 지켜주었다. 수입은 이제 제법 되었지만, 그렇다고 충분하진 않았다. 밀레바는 월급을 무척 합리적으로 관리를 해서 저축도 할 수 있었다. 이 사실을 알고 남편 알베르트는 놀라움과 경탄을 금치 못했다.

아들의 훈육은 부부가 함께 했다. 밀레바가 요리하고 빨래를 하면, 아인슈타인은 아들을 재우고 손에 책을 든 채 자기 생각에 골몰했다. 남편에게 물질적인 독립을 확실히 보장해주기 위해 밀레바는 대학생들에게 하숙을 쳤고, 거의 혼자 힘으로 뒷바라지를 했다. 당시 아인슈타인의 학생 하나는 이 유명한 교수를 방문할 때의 상황을 이렇게 묘사한다.

"약속된 시간에 아인슈타인 교수의 집에 들어섰어요. 대문은 열려 있었고 계단과 복도는 축축했는데, 사모님은 소매를 걷어붙인 채 요리를 하고 있었어요. 이 일이 다 끝나자 점심식사를 차렸어요."

이런 학생들 중 하나가 자그레브대학의 수학교수 블라디미르 바리챠크의 아들인 스베토자르 바리챠크였다. 바리챠크 교수는 1910년 베를린 수학자 모임에서 아인슈타인과 안면을 갖게 되었다. 오늘날의 유고슬라비아에서 상대성이론에 대해 처음으로 글을 쓴 사람도 바리챠크 교수였다. 아인슈타인과의 사적인 대화에서 바리챠크 교수는 자기 아들이 화학공부를 위해 스위스로 갔으면 하는데, 어디에 숙소를 정하면 좋을지 걱정이라고 말했다. 그러자 아인슈타인이 이렇게 대답했다.

"집사람이 세르비아 사람인데 학생들에게 하숙을 치고 있어요. 상황이 되면 아드님은 우리 집에 머물 수 있을 거예요. 아내와 상의해 보겠습니다."

스베토자르 바리챠크의 딸이 아버지의 말을 기억해낸 것에 따르면, 아인슈타인은 아내가 집안일을 할 때 잘 도왔다고 한다. 밀레바가 집안일을 끝내고 매번 한밤중까지 남편의 메모를 보며 수학문제들을 풀려고 애쓰는 모습이 아인슈타인의 마음에 걸렸기 때문이라고 했다. 이렇게 살다보니 밀레바가 쏟는 노력에 비해 힘이 부쳤지만 가정생활은 행복했다.

밀레바는 이처럼 지칠 줄 모르며 일을 했고, 또 남편의 성공을 무척 기뻐했다. 베른에 있었던 1909년 9월 3일, 밀레바는 친구 헬레네에게 편지를 쓴다.

남편은 지금 잘츠부르크에서 열리는 독일 자연과학자 모임에 갔어. 그곳에서 강연을 할 거야. 남편은 이제 독일어로 말하는 첫번째 물리학자가 되었어. 남편이 성공해서 나는 너무 행복해. 남편은 정말로 그럴 만하거든.

그 어떤 결론도 내리지 않고(결론을 내리면 오류가 생길 수 있기 때문이다) 일화를 하나 소개하겠다. 당시 아인슈타인의 학생이었던 한스 타너 박사의 기억에 따르면, 한번은 아인슈타인이 강연 도중 말문이 막힌 채 있다가 이렇게 말했다고 한다.

"지금 내 눈에 보이지 않는 수학적 변형이 있는 게 분명합니다. 여러분들 중에서 그것을 알아챈 사람이 있나요?"

어떤 학생도 반응을 보이지 않자 아인슈타인이 말했다.

"사분의 일면 정도는 비워두세요. 우리는 낭비할 시간이 없어요.

답은 다음과 같아요."

이렇게 말하고는 죽 읽어나갔다. 약 15분쯤 후에 아인슈타인은 작은 메모쪽지를 발견하고는 변형을 칠판에 썼다.

"중요한 것은 수학이 아니라 결과입니다. 수학으로는 모든 걸 증명할 수 있기 때문입니다."

아인슈타인은 수학을 이렇게 여겼다. 증명은 다른 사람들이 그에게 해야 할 것이었다. 어느 과학자 회의에서 아인슈타인은 농담 삼아 이렇게 말했다.

"수학자들이 나의 상대성이론을 장악한 이후, 나 자신은 그것을 더 이상 이해하지 못하고 있어요."

아인슈타인은 수학적 사고의 제6감을 반박했다. 그는 수학적 법칙들의 확고함을 단단히 믿는 수학자 구스타브 페리에게 성냥 다섯 개를 책상에 나란히 놓고 물었다.

"각각 5센티미터인 이 성냥들의 전체 길이는 얼마인가요?"

"당연히 25센티미터죠."

"그렇게 주장하시겠죠. 하지만 저는 그것을 의심합니다. 제가 수학을 믿지 않기 때문입니다."

밀레바, 알베르트, 아들러는 종종 망사르드 다락방에 올라가곤 했다. 그곳에서 아이들의 소란으로부터 멀리 떨어져 일하기 위해서였다. 그동안 카챠가 아이들 곁에 있었다. 밀레바는 알베르트에 대한 격정에만 신경을 썼다. 1910년 친구 헬레네에게 쓴 편지에서 밀레바는 아인슈타인의 강연이 얼마나 인기 있는지, 또 자신은 그 강연을 한번도 놓치지 않고 있음을 적고 있다.

아돌프 후르비츠 교수는 수학자인 동시에 탁월한 음악가였다. 그에게는 아들 하나와 딸 둘이 있었다. 맏딸 리스베트는 어렸을 때부터 날카로운 관찰력으로 일기를 썼다. 그녀는 갓 소녀가 되었을 때 이미 자기 집이나 친구들 집에서 연 가정음악회에 참여할 수 있었다. 후르비츠 교수의 기록에서 처음으로 아인슈타인이 언급된 것은, 자신이 아인슈타인에게 훌륭한 바이올린 주자로 소개되었을 때였다. 그는 역사가 알프레트 슈테른이 아직 학생 신분이었던 아인슈타인을 자신에게 이미 소개했는지에 대해서는 기억하지 못했다.

1910년 7월 28일, 아인슈타인 부부에게 둘째 아들 에두아르트가 생겼다. 밀레바는 장시간 힘겹게 일했다. 집안일을 도와줄 사람도 전혀 없었고, 몸도 점점 더 약해졌다. 밀레바는 알베르트와 연관된 일이 아니면 무슨 일이든 개인적인 관심을 모두 포기했다. 절친했던 의사가 밀레바에게 그러다간 쓰러지기 쉬우니 아인슈타인이 더 많이 벌어야 한다고 말하자, 그녀는 이렇게 응수했다.

"제 남편이 반쯤 죽을 정도로 일하고 있는 걸 모르는 사람이 있나요? 그의 지식욕, 항상 새로운 인식을 구하려는 노력과 일, 이것이 그의 독창성이에요."

취리히에서 밀레바는 학창시절의 옛 친지관계를 부활시켰다. 그래서 베른에서처럼 취리히에서도 손님을 친절하게 맞이하는 그녀의 집은 사람들의 방문이 잦았다. 그중에는 특히 나중에 미국 스탠포드대학의 수학교수가 된 유명한 수학자 게오르크 폴리야가 있었다. 폴리야는 1966년 3월 17일 이렇게 썼다.

나는 아인슈타인-마리치 부인을 알았고 그녀를 높이 평가했다.

아인슈타인은 거의 날마다 카페 '테라세'에 들렀다. 밀레바가 그곳에 동행하는 일은 극히 드물었다. 그 대신 부부는 극장에 자주 갔고, 음악회란 음악회는 거의 빠지지 않고 다녔다. 아인슈타인은 학교에서 강의가 끝나면 곧장 집으로 갔고, 구겨지고 백묵이 칠해진 옷 때문에 주위의 고상한 사람들과 뚜렷하게 대조되는 것에 신경을 쓰지 않았다. 밀레바는 소시지를 넣은 빵을 주머니에 넣고 다니다가 아인슈타인이 쉴 때 슬쩍 손에 쥐어주었다. 그런데 아인슈타인은 빵을 큼지막하게 베어물고 입에 한가득 채운 채 사람들과 인사는 물론이고 이야기도 나누었다.

아인슈타인의 이런 행동이 밀레바의 신경을 건드렸다. 아인슈타인이 갈수록 더 유명해지고 있었고 더 많이 주목을 받고 있었기 때문이다. 어쩌면 무의식적으로라도 아인슈타인이 점점 더 세상 쪽으로 향하고 있는 건지도 몰랐다.

두 사람은 취리히에 있는 데 만족했다. 밀레바는 자신이 좋아하는 도시에서 죽을 때까지 머물렀다. 친한 사람들이 밀레바의 집에 모이면 음악연주를 하곤 했다. 리스베트는 아인슈타인과의 첫번째 만남을 일기장에 기록했다. 1911년 1월 21일의 일기를 살펴보자.

그 분은 무척 명랑하고 겸손하며 어린아이 같은 사람으로, 시간 개념에 대해 아주 새롭게 생각한다. 우리는 바흐의 콘체르트를 두 번이나 연주했다. 그 분은 음악적으로 대단히 재능이 있다. 그날 저녁 그 분은 아버지와 함께 프라하대학의 임용에 대해 이야기를 주고받았다.

둘째가 태어나면서부터 밀레바는 수학적 연구작업에 점점 더 참여하기가 어려워졌다. 이제부터 아인슈타인은 때때로 상급반 학생들이나 친구들의 도움을 받았다. 그러나 아무리 열심히 해도 더 이상 예전처럼 획기적인 성과가 나오지 않았다. 어느 날 집에 와서 그는 밀레바에게 프라하대학의 실험물리학 교수로 임명받을 거라고 알렸다.

"받아들이지 않을 거죠?"

밀레바의 말에 아인슈타인이 이렇게 응수했다.

"대체 왜 안 되는데?"

“당신은 실험에는 그다지 자신 없어 했잖아요. 당신 스스로도 기계장치만 보면 두렵다고, 기계장치가 손에서 폭발할 것 같다고 말했잖아요.”(실제로 그런 일이 한번 일어났다.)

“당신 말이 맞아.”

이렇게 말하며 아인슈타인은 입장을 바꾸었다.

“받아들이지 않을게.”

그러나 아인슈타인은 전형적인 변덕 때문에 프라하대학의 교수 임용을 수락했다. 1910년의 일이었다. 오랜 협상 끝에 프라하 독일대학의 이론물리학 담당 교수가 되었다. 정식으로 교수가 된 것이다.

밀레바는 친구들이 있는 취리히를 떠나 낯선 환경으로 옮겨가는 걸 힘들어했다. 아인슈타인의 경우도 마찬가지였다. 이곳 스위스의 취리히에는 함께 토론하고 악기를 연주할 수 있는 친구들이 있긴 했지만, 정교수는 그에게 보다 큰 경제적 독립을 보장해주었다. 밀레바는 스위스를 떠나는 데 반대했다. 마치 스위스와의 이별이 삶의 행복과 이별하는 것임을 예감이라도 한 것처럼 말이다.

행복은 보통 오래 지속되지 않는 법이다. 불행에 의해 끝을 예측할 수 없는 동안만 유지되는 것이다. 그렇지만 밀레바는 남편의 행보를 막으려고 하지 않았다. 아인슈타인에게 정교수 임명은 특별한 의미를 지녔고, 그것이 중요했다. 그래서 밀레바는 아인슈타인에게 결정을 맡겼고, 무거운 마음으로 그 결정에 따랐다. 밀레바는 특히 완전히 낯선 환경에 있게 될 어린 아들 때문에 걱정했다. 그곳에는 그들 가족이 아는 사람이 전혀 없었기 때문이다. 그래서 밀레바는 친정어머니를 불렀다.

밀레바는 유년시절 중에서 춤추는 게 어린아이에게 어떤 의미를 지닐 수 있는지를 기억해냈다. 그래서 취리히에서 여섯 살짜리 아들을 무용학원에 보냈다. 1911년 1월 말, 리스베트는 일기장에 이렇게 기록했다.

무용학원에는 우리말고도 한스 알베르트가 있다. 그 애는 모든 사내애들 중에서 가장 작다. 방문객들 중에서 아인슈타인 교수 부부가 저녁 내내 앉아서 우리에게 여러 번 손짓을 했다. 아주 유쾌한 저녁이었다.

밀레바와 아인슈타인은 2월에 네덜란드로 여행을 갔다. 도중에 부부는 바젤에서 아주 급하게 연필로 아들러에게 엽서를 썼다.

아들러 씨, 바젤에서 우리 두 사람이 인사를 보냅니다. 집이 불에 타버리거나 뭔가 굉장한 일이 벌어지면 우리에게 다음 주소로 전보를 치세요.
H.A. 로렌츠 교수, 라이덴

이곳에 우리는 일요일까지 있을 겁니다. 그 다음에는 쿠르트 뤼 다르길 앤트워프의 캐사르 코흐 씨 집으로 연락주세요.

-알베르트 아인슈타인

밀레바 아인슈타인이 아들러 가족 모두에게 심심한 인사를 보냅니다.

-밀레바 아인슈타인

급하게 몇 줄 쓴 엽서를 보면 두 사람의 태도에서 나타나는 특기할 만한 차이를 느낄 수 있다. 아인슈타인 부부는 친구들에게 인사하는 방식에서 차이가 있다.

리스베트가 1911년 2월 28일자 일기에 적었듯이, 그의 집에서 한 주에 한번 음악 연주를 하는 게 정례화되었다.

아인슈타인 씨는 정기적으로 다섯 시에 오고, 우리는 바흐와 모차르트의 열번째 소나타를 연주한다.

밀레바의 어머니는 딸의 이사와 프라하에서 시작을 돕기 위해 취리히로 온다. 어머니는 딸이 우울한 예감을 갖고 있다고 느낀다. 그렇다고 밀레바가 그것에 대해 말로 하거나 어머니로부터 질문을 받은 것

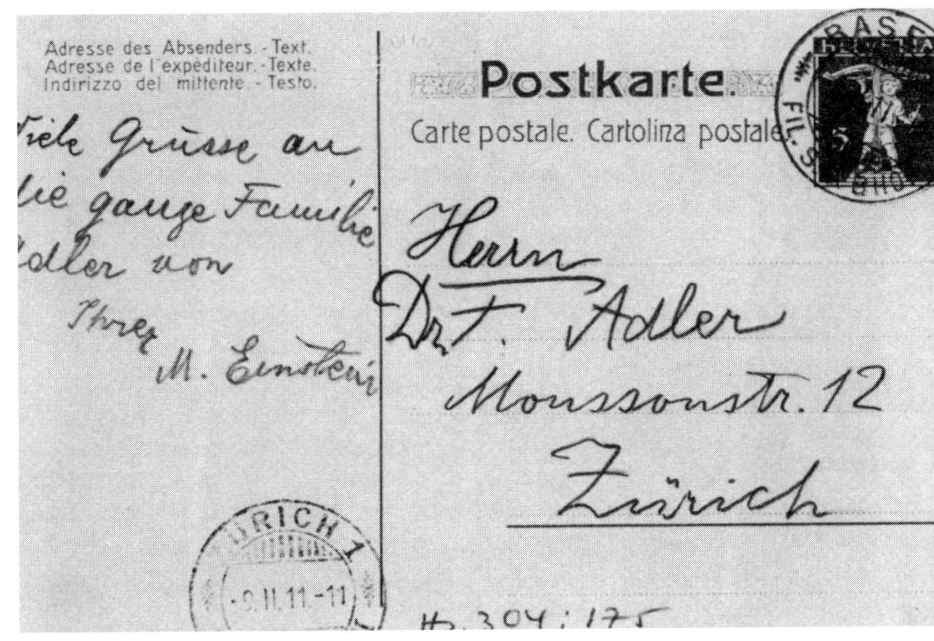

아인슈타인이 밀레바의 인사와 함께 아들러에게 보낸 엽서의 앞면
밀레바의 인사가 적혀 있다.

아인슈타인이 밀레바의 인사와 함께 아들러에게 보낸 엽서의 뒷면은 아니다. 3월 28일 리스베트는 작별인사차 밀레바 집을 방문한 일에 대해 언급한다. 그리고 3월 말에 가족 모두가 여행을 떠난다. 에두아르트는 태어난 지 8개월이 되었고, 한스 알베르트는 아직 학교에 가야 하는 나이인 일곱 살이 되지 않았다.

프라하에서 아인슈타인 부부는 트르제비즈스케호 우리체 125번지에 살았다. 이 도시는 밀레바의 마음에 들지 않았다. 그곳의 생활은 독일-체코의 분열 때문에 점점 더 힘들어졌다. 슬라브 사람으로서 밀레바는 체코를 보다 가까이 느꼈다. 반면 그녀는 남편의 입장 때문에 독일사회에 매여 있었다. 독일사회가 그녀에겐 낯설고 사랑스럽지 못했지만 말이다.

1348년에 설립된 프라하대학은 중부유럽에서 가장 오래된 대학이다. 민족적인 분쟁이 커짐에 따라 프라하대학은 1882년 체코대학과 독일대학으로 분할되었다. 두 대학 교수들 사이의 관계는 매우 냉담했다. 같은 문제를 연구하지만 분리된 대학에서 가르치는 교수들끼리도 외국에서 열리는 학회에서나 서로 안면을 익히고 정중한 인사말 몇 마디를 교환하는 게 전부였다. 그들은 프라하로 돌아온 후로는 서로 면식이 있다는 사실도 잊어버려 다음에 열리는 학회에서 자기소개를 다시 해야 할 정도였다. 이런 분위기 속에서 밀레바가 살아가야 했다.

수입은 이제 훨씬 많아졌다. 밀레바는 처음으로 가정부를 쓸 수 있었다. 그렇지만 생활은 음울해졌고 불만족스러웠다. 밀레바가 가까이 접촉하는 유일한 사람은 러시아 출신의 여성 물리학자 타챠나 아파나시예바였다. 그녀는 알베르트의 친구인 파울 에렌페스트의 부인이었다. 아인슈타인은 그녀를 '미소 짓는 수수께끼'라고 불렀다. 에렌페스트는 1923년 로렌츠의 후임으로 라이덴대학의 이론물리학 교수로 강단에 섰다. 아인슈타인은 나중에 강연을 위해 베를린에서 라이덴으로 갈 때마다 에렌페스트 집에 묵었다. 꼭 강연 때문이 아니더라도 때때로 에렌페스트 집을 방문했는데, '미소 짓는 수수께끼'의 집에서 유쾌한 시간을 보내기 위해서였다. 아인슈타인은 에렌페스트 부부를 '황금 인간'이라고 불렀다.

그렇지만 밀레바와 남편 사이에는 불화가 싹트고 있었다. 아인슈타인의 전기작가 넬리히에 따르면, 이 결혼의 파괴를 위해 외부에서 설치한 여러 개의 지뢰가 이제 터지기 시작했다고 한다. 알베르트의 가깝고 먼 친척들은 밀레바의 외모, 절름거리는 걸음걸이, 세련되지 못한 점 등을 알베르트가 인식하도록 부추겼다. 그의 지금 지위에서는 어디나 자랑스럽게 데리고 다닐 수 있는 아내가 필요하다고 한 것이다. 마리아노프와 바이네는 《아인슈타인의 친밀한 관계》에서 이렇게 말한다.

밀레바도 수학자였고 수학에 관한 대화에 참여하는 것을 좋아했다. 그런데 아인슈타인은 밀레바를 집에 아이들과 남겨두었고,

그녀는 점점 더 말수가 없어지고 불만을 갖게 되었다.

그리하여 밀레바는 정말로 자신의 외적인 것을 소홀히 하기 시작했다. 이것을 보면 보통 그 사람의 내적인 상태가 어떤지 알 수 있다. 그리고 밀레바의 현 상태는 비참했다. 두 사람은 우정에 대한 욕구가 있었으나, 더 이상 서로의 우정관계를 원하지 않았다. 멀리 떨어져 있는 친구들을 통해 베른에서의 행복을 다시 느끼고 아인슈타인과의 긴장관계를 녹이기 위해 밀레바는 하비히트 형제를 초대했다.

"먹을 건 상당히 많이 있어요. 마늘과 양파를 빼고요. 우리를 고려하지 않더라도 프라하는 방문하고 구경할 만한 가치가 있어요."

천성적으로 명랑하고 솔직한 알베르트는 밀레바의 침묵과 친척들의 영향에 대한 그녀의 본능적인 불신을 참기가 어려웠다. 아인슈타인은 에렌페스트에게 이렇게 말한 적이 있다.

"나에게 유익한 사람들과의 접촉이 힘들다네. 그리고 고독도 어느 정도까지만 견딜 수 있는 법이지."

일에 대해서는 물론이고 주제에 대해서도 아인슈타인은 더 이상 밀레바와 의논하지 않았다. 이것이 밀레바를 고통스럽게 하고 자존심을 상하게 했지만, 그렇다고 아인슈타인에게 관심을 가져달라고 졸라댈 뜻은 없었다. 그래서 밀레바는 더욱 말이 없어졌다. 대단히 내향적인 그녀는 점점 더 아이들에게 관심을 가졌고 아이들의 사랑과 신뢰를 얻었다. 그 결과 나중에 이혼이라는 괴로운 나날을 보낸 후 두 아들은 밀레바의 편을 들었고 그녀에게 양육권이 주어졌다. 친구들은 밀레바를 존경했고 또 이해했다. 그로스만, 창거, 아들러, 하비히트 형제, 솔로빈, 베소, 에렌페스트 등 모든 사람들은 밀레바를 아인슈타인의 훌륭한 동반자로 여겼지만, 프라하에서 밀레바가 점점 더 자주 드러낸 우울한 분위기를 걱정했다.

중력의 문제를 연구할 때 아인슈타인은 중력이 힘인지 아니면 장(場)인지의 물음을 놓고 수학적인 어려움에 봉착해 있었다. 이 어려움은 그가 풀 수 없는 것이었다. 이때에도 아인슈타인은 밀레바에게 묻지 않고 마르셀 그로스만에게 편지를 썼다.

내가 도저히 풀 수 없는 수학문제 때문에 어려움에 빠졌네. 부탁하네. 도와주게. 내가 미칠 것 같거든.

착하고 성실한 친구인 그로스만은 그 문제의 수학 부분을 훌륭하게 풀어냈다. 그래서 새로운 공동작업이 시작되었다. 그 결과는 1913년 취리히의 《자연과학협회 계간지》에 실렸다. 아인슈타인이 밀레바와 일을 할 때까지만 해도 까다로운 수학문제가 있을 때 다른 사람에게 도움을 청하지는 않았다.

밀레바는 완전히 뒤로 물러났고 자신에 대해 언급하지 않았다. 자기 집에서조차 거의 말하는 법이 없었다. 아인슈타인이 밀레바를 높이 평가하던 시절에도 그녀의 이런 태도는 말하기 좋아하는 아인슈타인을 힘들게 했다. 이 부부가 이러한 파경의 원인에 대해 서로 이야기를 나누었는지는 아무도 모른다. 당시 여덟 살쯤 된 한스 알베르트는 긴장감을 느꼈지만, 아이답게도 아버지의 명랑함이 승리를 거두고 아들인 자기에게 똑같이 충실한 두 사람 사이의 모든 게 다시 좋아지기를 희망했다.

예전 같으면 전혀 중요하지 않았을 문제 때문에 이제는 싸움이 일어났다. 예컨대 아인슈타인은 아침에 늦잠 자는 걸 좋아한 반면, 밀레바는 청소를 해야 한다며 식구들을 깨워댔다. 또 아인슈타인은 면도를 오랫동안 하면서 휘파람을 불었는데, 이것이 밀레바의 신경에 거슬렸다. 그러나 이 모든 게 그 전에는 문제가 되지 않았었다. 밀레바와의 생활은 쉽지 않았지만 그녀는 싸움을 좋아하지 않는 사람이었다. 그녀의 독특한 점 대부분을 아인슈타인은 쉽게 이해할 수 없었다. 그는 무척 솔직한데다 약간 무모하기도 하며 자제심마저 없어서 밀레바의 절제와 침묵을 견딜 수 없었다. 밀레바는 자기의 기분이나 불만을 자연스럽게 표출하지 않았다. 밀레바의 정신은 조직적이고 실용적이었지만, 아인슈타인의 두뇌는 자신의 학문적 관심 영역에서 벌어지는 사건들에만 사로잡혀 있었다.

아인슈타인은 실용적이지 못하고 행동방식에서 믿을 만하지 못했다. 때로는 사소한 일을 너무 진지하게 여기다가 커다란 문제에 대해서는 농담으로 지나쳤다. 밀레바는 이런 점을 알았고 아인슈타인을 있는 그대로 받아들였다. 그녀는 아인슈타인의 인간적인 약점뿐만 아니라 위대함도 알고 있었다. 인력으로는 바꿀 수 없는 일들이 있음도 그녀는 알고 있었다. 집과 가정에서 아인슈타인은 밀레바에게 의지할 곳도 보호처도 제공해주지 못했다. 그런데 이제는 아인슈타인에게서 다른 특이한 점들도 드러나기 시작했다. 카를 젤리히는 이것을 결함이라고 불렀고, 밀레바는 아인슈타인의 이런 점들과 끝내 타협할 수가 없었다. 밀레바는 이 모든 점에 대해 곰곰이 생각했다. 행복을 쉽게 포기할 수 없었기 때문이다.

1911년 브뤼셀에서 '솔베이 회의'라고 명명된 세계 과학자 회의가 개최되었다. 이 회의에 대한 아이디어는 부유한 벨기에 화학자이자 기업가로 회의 개최 비용도 전부 부담한 에르네스트 솔베이에게서 나왔다. 솔베이는 이론물리학에 관심이 컸고 암모니아소다 추출 방법을 발견했으며, 브뤼셀에 화학과 물리학 연구를 위한 연구소를 세웠다.

유럽의 여러 나라들에서 모인 화학과 물리학 분야의 유명한 권위자들이 회의에 참석했다. 아인슈타인은 오스트리아의 대표자로 참여했다. 이곳에서 그는 프랑스에서 온 마리 퀴리, 푸앵카레, 폴 랑주뱅, 영국에서 온 어니스트 러더퍼드, 독일에서 온 막스 플랑크와 발터 네른스트, 네덜란드에서 온 로렌츠 등을 만났다. 아인슈타인은 이 회의에서 강연을 했다. 밀레바는 이 강연을 함께 경청했고, 그래서 과학의 선두 그룹 속에서 아인슈타인이 누리는 대단한 인기를 생생하게 목격한 증인이 되었다.

밀레바는 사람들과의 대화를 통해, 과학적 업적에 대한 깊은 인식과 그 의미에 대한 명료한 이해를 보여줄 수 있기 때문에 커다란 관심을 받았다. 그녀는 이 기회를 이용했는데, 취리히에 대한 그리움과 돌아가고 싶어하는 알베르트의 소망을 사적으로 표현하기 위해서였다. 그들에게 어떤 전망들이 열릴 수도 있었기 때문에, 두 사람은 가능성을 타진하기 위해 곧 취리히로 여행을 떠났다. 리스베트가 1911년 11월 14일 11시경에 쓴 일기에 따르면, 밀레바와 알베르트 아인슈타인 부부가 방문했다고 한다. 같은 달에 그로스만은 아인슈타인에게 예전에 공업전문학교였던 취리히 연방공과대학의 자리에 관심이 있느냐고 물었다. 11월 18일 아인슈타인은 연방공과대학에서 이론물리학을 강의하는 데 근본적으로 동의하며 다시 취리히로 갈 수 있다면 기쁘겠다고 대답했다.

밀레바의 스위스에 대한 동경과 밀레바가 높이 평가하는 아인슈타인의 능력에 깊은 인상을 받은 파리의 소르본대학 이학부 교수 마리 퀴리는 1911년 11월 17일 취리히 연방공과대학의 피에르 바이스 교수에게 편지를 썼다.

저는 현대물리학과 관련한 문제에 대해 마리치-아인슈타인 이름으로 발표된 논문을 보고 무척 감탄했습니다. 게다가 물리학자나 수학자들이 이 논문을 가장 우수한 것이라고 평가하는 데 의견의 일치를 보았다고 생각합니다. 아인슈타인이 소속된 과학자 회의가 브뤼셀에서 열렸을 때 그 회의에 참여했던 저는 그의 사고의 명료함, 자료의 방대함, 지식의 심오함을 알아볼 수 있었습니다.

마리치-아인슈타인이 아직 너무 어리다고 생각한다면, 그가 지닌 훨씬 풍부한 경험에 대해 들어보십시오. 그러면 그가 미래의 최고 이론가들 중 한 사람이라는 걸 당연히 알게 되실 겁니다. 저는 마리치-아인슈타인에게 그가 원하는 일자리를 주는 과학기관은, 그를 기존의 교수직에 임명하거나 아니면 합당한 조건으로 그를 위해 교수직을 하나 마련해야 한다고 생각합니다. 그렇게 하는 게 그 기관을 크게 명예롭게 하는 것이고, 과학에도 큰 기여를 하는 게 확실하다고 생각합니다.

푸앵카레도 이와 비슷한 추천서를 바이스 교수에게 보냈다.

장차 마리치-아인슈타인의 가치가 훨씬 더 많이 드러날 것이기 때문에, 이 젊은 거장을 붙잡은 대학은 훨씬 명예롭게 될 겁니다.

1912년 1월 22일의 회의에서 학교위원회는 아인슈타인을 이론 물리학 정식교수로 임명할 것을 제안했다. 2월 12일 아인슈타인은 취리히에 있는 알프레트 슈테른 교수에게 이렇게 보고한다.

이틀 전에 (감사하게도) 취리히 연방공과대학의 부름을 받았고 이곳 학교당국에 사임을 표명했습니다. 우리 모두와 저의 두 자식에게도 큰 기쁨입니다.

아인슈타인은 하비히트 형제들에게 날짜가 적히지 않은 엽서를 보냈다.

우리가 다시 유럽으로, 하비히트 가족이 있는 동네로 가게 되어 정말 기쁘다네. 7월 말이면 임명장이 올 거야.

밀레바는 들뜬 마음으로 프라하를 떠날 준비를 했다. 8월에 부부는 집을 구하러 취리히로 갔다. 그들은 호텔에 묵으며 친구들을 만나고 적당한 집을 찾았다. 집을 구하는 것은 전혀 어려운 문제가 아니었다. 엄청난 건축 공사 때문에 집들이 충분했기 때문이다. 아인슈타인 부부는 연방공과대학 근처에 집을 구하려고 했다. 햇빛이 비치는 이 지역에 익숙해 있기 때문이었다.

1912년 8월 13일, 리스베트는 일기장에 이렇게 메모한다.

오늘 아인슈타인 가족이 우리 집 식탁에 모였다. 아인슈타인은 연방공과대학에 임명을 받았다. 우리는 그들이 프라하를 떠나고 싶어한다는 인상을 받았다.

두 사람은 프라하에서의 체류를 심리적 압박으로 체험한 것처럼, 취리히에서는 모든 게 다시 잘 되기를 희망했다. 그러나 결혼생활에서 생긴 틈이 아주 조금 메워진 정도였다. 그 틈은 그대로이거나 오히려 더 넓어지면 넓어지지, 실제로는 전혀 사라지지 않는 법이다. 아무리 주위 환경이 유리하게 작용한다 할지라도 이런 문제를 근본적으로 도와줄 수는 없다. 기껏해야 불화가 덜 눈에 띄고 좀더 견디기 수월하며, 심지어 습관으로까지 될 수 있는 것이다.

밀레바의 경우에도 그것은 가능치 않았다. 그녀는 자기의 위대한 알베르트가 다시 자신에게 마음을 돌릴 것이고, 그러면 아내와 아이들이 그에게 다시 많은 의미를 갖게 될 것이라고 깊이 확신했다. 그런데 인생은 이런 소망을 개의치 않고 그 나름의 가차 없는 법칙대로 진행되기 마련이다. 그리하여 일시적으로 안정된 듯 보였음에도 아인슈타인 부부의 틈새는 더욱 벌어졌다.

다시 취리히, 고독

8월 초 아인슈타인 가족은 그토록 살고 싶었던 취리히베르크의 호프슈트라세 116번지에 있는 집으로 이사했다. 밀레바는 자신이 좋아하는 자유의 나라에, 그것도 특히 좋아했던 도시 취리히에 다시 살게 되었다. 그녀는 이제 결혼생활을 망치고 가정불화로 이어지는 불행한 액운의 영향에서 벗어나게 되길 희망했다. 알베르트는 두 사람이 공부했던 대학에서 학문 연구와 강의를 계속할 수 있었다. 그는 오랫동안 갈망해온 것을 달성했다. 모든 사건에는 규칙성이 있다고 강하게 믿는 그의 태도는 종종 인생의 난관이나 일의 어려움을 견디게 하는 데 도움이 되곤 했다. 알베르트는 우주의 모든 현상들이 지니는 끊임없는 통일을 끝까지 믿었다. 이러한 통일은 포괄적인 법칙으로 표현될 수 있고, 그 법칙을 발견하는 것을 물리학의 최고 과제로 여겼다.

아인슈타인 부부는 다시 아이들과 함께 산으로 소풍을 나갔다. 이것은 밀레바의 건강과 가정의 평화를 위해 대단히 유익했다.

숲은 축축했고 온갖 버섯들로 가득 차 있었다. 밀레바는 아이들과 함께 버섯을 채집했고 숲에 사는 생물의 공생에 대해 이야기를 들려주었으며, 아이들에게 마법 같은 숲의 향기를 느끼게 해주었다. 강물은 부드러운 이끼와 떨어진 침엽(針葉) 속에 가라앉았다. 미끄러지고 넘어지는 아이들의 웃음소리가 기묘하게 고요한 숲에서 메아리쳤다. 숲은 너무도 많은 비밀을 감추고 있었고, 연구하고 싶은 충동을 일게 했다. 알베르트와 큰아들은 빙하 때문에도 감격했다. 반면 작은아들 테테와 밀레바는 땅의 생명에 더욱 매혹되는 걸 느꼈다.

리스베트의 1912년 10월 19일자 일기에는 다시 아인슈타인 교수와 음악연주를 하게 되었다고 적혀 있다. 아인슈타인은 리스베트와 '헨델의 두 대의 바이올린을 위한 콘체르트'를 연주했다. 리스베트는 이렇게 함께 연주하는 것을 좋아했다. 아인슈타인은 리스베트가 지난 몇 년 동안 실력이 많이 좋아졌다고 칭찬했으며 리스베트 집에서 보내는 모든 순간을 즐거워했다. 거기서는 아인슈타인이 연구하는 과학적인 문제뿐 아니라 리스베트 역시 교수로 재직하고 있는 취리히 연방공과대학의 교육적인 문제들에 대해서도 논의할 수 있었다.

그들은 다음 모임을 위해 슈만을 잘 연습하자고 말했다. 슈만을 특별히 좋아하는 밀레바 앞에서도 연주하자는 것이었다. 밀레바는 프라하에 있을 때부터 사람이 약간 달라졌다. 그러나 사람들은 있을 수 있는 일이고, 프라하에서 달갑지 않게 체류해야 했던 것의 후유증일

뿐이라고 생각했다.

밀레바의 정신이 남편 아인슈타인보다 더 복잡하다 하더라도, 같이 산 남편의 정신은 커다란 수수께끼로 남는다. 누구나 아무리 가까운 사람들일지라도 그들과 다르게 세상을 보고, 모든 것을 자기의 생각에 따라 판단한다. 우리는 가까운 사람들의 특성이나 견해가 우리 눈에 보이는 것과 같다고 생각하고, 그것을 우리 자신의 잣대로 잰다. 밀레바는 이제 우울한 인상을 주었다. 사람들이 그녀의 생각이나 과묵함에 주의하긴 했지만, 모임에서는 그녀의 존재가 신경 쓰였다. 마치 밀레바가 제자리가 아닌 데 있는 것 같았다.

11월 22일에는 정말로 밀레바가 슈만을 들으러 왔다. 알베르트와 밀레바는 예전의 관계와 습관적 행위들을 다시 복원하려고 애썼다. 후르비츠 교수 집에서 두 사람은 깊이 이해받고 있음을 느꼈다. 이 집 식구들은 그들과 같은 사람들이었다. 밀레바는 가정주부와 어머니로서 의무로부터 벗어난 시간을 몽땅 음악과 함께 보내려고 했다.

1913년 2월에는 아인슈타인 가족이 전부 음악을 연주하러 왔다. 맏아들 한스 알베르트도 어느덧 어엿하게 음악 연주를 시작할 수 있게 되었다. 밀레바의 기분을 유쾌하게 해주고 그녀의 얼굴에서 그늘을 없애기 위해 연주목록에는 슈만의 작품이 들어가곤 했다. 밀레바는 매번 남편과 함께 왔다. 그렇지만 그녀의 건강이 썩 좋지는 않았다. 밀레바는 다리의 통증을 류머티즘 때문이라고 생각했다. 그녀는 걷는 것이 힘들었지만 기분이 좋아질 수 있는 곳이면 어디든지 다녔다. 삶의 의욕을 자기 자신 밖에서 찾기 시작한 것이다. 그녀 자신은 물론이고 결함 있는 신체도 무리하게 움직였다.

리스베트는 1913년 2월 7일에 이렇게 기록하고 있다.

우리는 슈만을 연주했다. 날씨는 점점 더 따뜻해지고 있다. 봄이 다가오고 있는 것 같다. 밀레바는 통증이 이제 줄어들기를 희망하고 있다. 여름에는 이토욕(泥土浴)을 하러 간다고 한다.

1913년 2월 14일에는 아인슈타인이 혼자 바이올린을 들고 왔다. 리스베트는 안톤 루빈스타인이 연주했다고 적고 있다. 그들은 밀레바가 올 수 있도록 다시 슈만을 연주목록에 넣자고 약속했다. 이 뜻을 전했을 때 밀레바가 아무 말 없이 침묵하자 알베르트는 기분이 상했고 더는 밀레바의 의사를 묻지 않았다. 그 다음번에는 밀레바가 왔지만, 다리의 통증 때문에 거의 걸을 수조차 없었다. 1913년 2월 21일에도 슈만과 코렐리의 작품이 연주되었다.

정기적인 음악의 밤 외에도, 일요일 오후마다 아인슈타인 가족 모두 후르비츠 집으로 가곤 했다. 그들이 모두 나가야 가정부가 자유롭게 외출할 수 있었기 때문이다. 후르비츠의 집 계단에서부터 아인슈타인은 큰 소리로 이렇게 선포하다시피 했다.

"여기 아인슈타인 집 닭장이 통째로 왔습니다."

후르비츠 집에서 열리는 가정음악회는 널리 알려졌고, 유명한 주요 인사들의 방문이 이어졌다. 또한 흥미 있는 만남과 대화가 가능한 기회이기도 했다. 아인슈타인 가족이 도착하면 사람들은 뺨이 빨갛게 된 어린아이들을 따뜻한 숄로 감쌌다. 밀레바는 조금 놀란 것처럼 보였다. 그녀는 얼음이 언 길을 무서워했고, 그래서 알베르트를 꽉 붙들고 있었다. 알베르트는 나중에 따뜻한 차를 마시면서 꽁꽁 언 손을 입김으로 녹였다.

한번은 피카르가 취리히 여행에 나섰다. 브뤼셀대학의 물리학 교수인 피카르는 1931년 성층권 비행을 최초로 감행한 사람이었다. 리스베트는 1913년 2월 28일에 피카르가 방문했다고 기록하면서, 하지만 아인슈타인은 오지 않은 채 자신의 바이올린만 보냈다고 덧붙였다. 아인슈타인은 며칠 후 바이올린을 가지러 보내겠다고 했지만, 3월 7일에 다시 와서 전에 오지 않은 것에 대해 미안하다고 사과했다.

1913년 3월 12일에 밀레바는 벨그라드에 있는 친구 헬레네에게 이렇게 썼다.

나의 위대한 알베르트는 그 사이에 유명한 물리학자가 되었어. 물리학계에서 대단히 존경과 감탄을 받고 있어. 그는 자기의 문제에 매달려 지칠 줄 모르고 연구하고 있어. 그것만을 위해 사는 사람이라고 말할 수 있을 정도야.

밀레바는 이어서 알베르트에겐 가족을 위한 시간이 더 이상 없는 것 같다고 언급했다. 부활절 무렵에는 파리로 여행을 간다고도 했다. 밀레바의 이 몇 마디에서 씁쓸한 노여움을 느낄 수 있다. 사람들은 밀레바가 음악을 들으며 알베르트를 관찰하는 동안 표정이 어두워지는 것을 알 수 있었다.

3월 14일에도 아인슈타인은 음악연주를 하러 오지 못했고, 집안 일이 있어서 못 간다고 양해를 구했다. 다음날 리스베트는 어머니와 함께 밀레바를 방문했는데, 아인슈타인 부인의 얼굴이 심하게 부어 있었다고 일기장에 적고 있다.

연초에 마리 퀴리는 아인슈타인 집에 손님으로 머물렀다. 밀레바는 퀴리를 진심으로 극진히 대접했다. 알베르트가 취리히 연방공과대학의 정교수로 뽑히도록 도와준 것에 대한 감사의 표시였다. 두 여성은 친해졌고, 학기 말에 배낭만 매고 온갖 근심을 접고 산행을 하기로 결정했다.

아인슈타인이 부활절 무렵에 한 파리 여행에서 무척이나 기분 좋게 돌아와서 밀레바에게 마리 퀴리의 인사를 전했다. 그러고는 곧장 후르비츠 가족을 방문하여 다시 '고향 같은 동네'에 있게 되어 기쁘다고 말했다.

일주일 후 후르비츠는 독일물리학자 막스 보른의 방문을 받았다. 보른은 방학 동안 이탈리아에 체류한 후 잠시 취리히에 머물고 있었다. 리스베트가 4월 8일자 일기에 적고 있는 것처럼, 나중에는 아인슈타인도 왔다. 대화 중에는 물론이고 나중에도 아인슈타인은 독일 물리학의 상태에 대해 관심을 표명했다. 아인슈타인이 보른에게 말하기를, 연구조건이 좋기만 하다면 베를린으로 가고 싶다고 했다.

가정음악회는 4월, 5월, 6월, 그리고 7월 초에 정기적으로 열렸다. 7월 25일자 일기에서 리스베트가 전하는 바에 따르면, 아인슈타인이 베를린으로 여행을 간다고 통보했다고 한다. 어쩌면 그 당시에 이미 베를린대학에 임명될 가능성에 대해 상의를 했던 것 같다. 8월이 되어서야 오래전에 계획된 산행이 이루어졌지만, 밀레바는 같이 가지 못했다. 작은아들 테테가 막 홍역을 앓았기 때문이다.

화창한 아침에 산행 가는 사람들은 길을 나섰다. 마담 퀴리는 두 딸인 여섯 살짜리 이렌느, 아홉 살짜리 이브와 가정교사를 대동했고, 아인슈타인은 아홉 살이 된 한스 알베르트를 데리고 갔다. 모두들 기분이 좋았고 각자 자기 방식대로 흥분했다. 이브 퀴리는 이 산행에 대해 《퀴리 부인》에서 상세히 묘사하고 있다. 눈으로 덮인 정상에서 반짝이는 햇빛을 받으며 두 과학자는 물리학적인 문제에 관한 자신들의 논구를 펼쳤다. 두 사람은 프랑스어로 말하다가 아인슈타인이 자신 없어 보이면 독일어로 대화했다. 그 때문에 퀴리 부인은 애를 먹었다. 두

학자는 서로를 무척 높이 평가했다. 아인슈타인은 퀴리 부인을 '진짜 야곱'이라고 불렀고, 이 말을 통해 퀴리 부인이 지닌 윤리적인 태도를 강조했다. 그것은 가깝고 지적인 우정 관계였다. 아인슈타인은 친구인 하인리히 창거 교수에게 쓰기를, 퀴리 부인이 뛰어난 지성이긴 하지만 아무리 좋게 말해도 어떤 남자를 위험에 빠뜨릴 정도로 매력적이진 않다고 했다.

밀레바와 마리 사이에 우정관계가 발전하면서 두 사람은 서로 더욱 깊이 이해하게 되었다. 두 여성은 당대의 과학, 집안 일, 아이들 등에 대해 솔직하고 자연스럽게 이야기를 나누었다. 마리는 이미 유명 해져 있었고 밀레바보다 나이도 많았지만, 밀레바에게 존경심을 갖고 다가갔다. 밀레바는 마리와 만나는 것을 매번 기뻐했다.

테테가 회복되어 다른 사람의 손에 맡길 수 있을 정도가 되자 밀 레바는 산행 팀에 가담하여 함께 산행을 계속한다. 8월 6일, 아인슈타 인 가족은 후르비츠 가족에게 말로야 협로에서 '알베르트 아인슈타 인, 마리치 아인슈타인, 알베르틀리'라는 서명이 담긴 엽서를 보낸다.

스위스로 돌아오면 가정사가 전부 제대로 될 거라고 생각했던 밀 레바의 기대는 채워지지 않았다. 아인슈타인도 마찬가지로 집에서 말 없이 침묵하는 데 익숙해졌다. 그는 그 어느 때보다도 음악 연주를 더 열심히 했다. 음악은 그에게 처음부터 많은 의미를 지녔다. 여섯 살 때 벌써 바이올린 연주를 시작했다. 그러나 모차르트의 작품을 알기 전까지만 해도 연습하는 것을 지긋지긋하게 여겼다. 모차르트의 작품을 알고 난 후로는 너무도 열심히 연습해서 진짜로 대가가 될 정도였다. 음악은 그의 삶에서 중요한 부분을 차지했다.

아인슈타인은 학생들과의 인간적인 관계도 좋은 편이었다. 그는 학생들이 공부할 때에 도움을 주었고, 학생들이 현상의 본질적인 부분과 그 연관성을 볼 줄 알도록 독자성을 갖게 유도했다. 자신과 밀레바가 학창시절에 바랐던 그대로 학생들의 공부가 이루어지게 하려고 했다. 그런데도 아인슈타인은 빈정대기도 했고, 몹시 불쾌해 하기도 했다. 그는 순간의 기분에 좌우되었고, 이를 제어할 수가 없었거나 제어하려고 하지 않았다.

알베르트와 밀레바 사이의 긴장은 날로 더해갔다. 밀레바는 아인슈타인이 어떤 일들이나 계획 등을 자신에게 털어놓지 않는다고 느꼈지만, 여전히 이런 불화가 지나갈 거라고 기대했다. 사람들은 자기가 원하는 것을 믿는 경향이 있다. 이런 약점에서 밀레바 역시 자유롭지 못했다. 그녀가 평소에 무척 객관적인 사람이라 하더라도 말이다.

리스베트는 1913년 8월 22일 일기에서, 자신과 아버지 그리고 아인슈타인이 베란다에서 사진을 찍었는데 나중에는 그로스만뿐 아니라 아인슈타인 부인도 가세했으며 산행을 약속했다고 한다. 리스베트의 아버지는 또한 아인슈타인에게 다음날 올 것을 요청했다고 한다.

아인슈타인은 이미 너무 유명해졌으므로 그를 볼 수 있는 유일한 방법은 취리히로 오는 것뿐이었다. 아인슈타인은 이런 사실이 무척 마음에 들었다. 리스베트는 8월 23일자 일기에서, 숙부 지그프리트가 아인슈타인을 보기 위해 몸소 루체른에서 왔다는 사실에 아인슈타인이 감격했다고 언급한다.

9월 초, 밀레바는 아들들을 데리고 노비사드로 간다. 이곳에서 아버지의 소망과 남동생의 설득으로 두 아들은 영세를 받았다. 영세식은 1913년 9월 21일 니콜라우스 교회에서 거행되었다. 두 아들의 대부는 유명한 의사 라자르 마르코비치 박사였다. 영세식은 주임신부 테오돌 밀리치가 집전했다.

밀레바의 사촌 티마 갈리치는 훗날에도 이 세례에 대해 기억했다. 에두아르트는 당시 세 살이었는데, 교회 안을 하도 헤집고 돌아다니는 바람에 세례를 주기 위해서는 밀레바의 남동생 밀로쉬가 제단 바로 앞에서 그 아이를 붙잡아야 했다. 두 아이는 외갓집과 이웃집 아이들에게 다른 이름으로 알려졌다. 알베르트는 '부야' 로, 에두아르트는 '테테' 로 불렸다. 이렇게 된 것은 밀레바의 어머니가 손자를 귀여워하며 아이를 뜻하는 단어 '데테(Dete)' 라고 부른 데서 연유했다. '부야' 도 '테테' 와 같은 이유에서 생긴 별명이다. 부야는 생기발랄한 아이였고, 그 아이뿐만 아니라 또래 아이들도 서로 머리카락을 꺼두르고 싸움질을 했다. 테테는 다정하고 사랑스러웠으며 모두가 좋아하는 아이였다. '테테'라는 이름은 스위스에 가서도 이 아이에게 붙어 다녔다. 후르비츠 역시 에두아르트를 '테테'라고 불렀다.

1913년 9월 아인슈타인은 후르비츠에게, 아내가 아이들을 데리고 세르비아에서 머물다가 돌아왔는데, 두 아들이 그리스 정교회 신자가 되었다고 말했다. 그러고는 이렇게 덧붙였다.

"그래, 내겐 상관없는 일일 수 있어."

그 당시만 해도 아인슈타인은 종교적인 것이나 민족적인 것에 무관심했다. 무신론적인 성향을 지녔고 아직은 시오니스트(19세기 말 유럽에서 시작된 유대인국가 건설을 목표로 한 사상 및 운동을 전개하는 사람-옮긴이)가 아니었기 때문이다.

1913년 11월, 아인슈타인은 밀레바와 함께 빈에 있었다. 그곳에서 아인슈타인은 자연과학자 및 의사 회의에서 중력에 대한 자신의 새로운 견해에 대해 강연을 했다. 베를린에서 파견된 사람들은 여름에 그에게 독일로 이주할 수 있을 만큼 대단히 매력적인 제안들을 했다. 카이저 빌헬름 물리학 연구소 소장직뿐 아니라 프로이센 과학아카데미 회원을 제안했는데, 게다가 월급도 파격적이었다. 아인슈타인은 거절할 수가 없었는데, 여기에는 개인적인 이유들도 함께 작용했다. 아인슈타인을 프로이센 과학아카데미에 특별히 추천할 수 있게 된 근거는 베른 시절에 쓴 유명한 논문 〈운동하는 물체의 전기역학〉이었다.

그렇지만 밀레바는 취리히를 떠나고 싶어하지 않았고, 베를린으로 옮겨가야 하는 이유를 도대체 납득할 수 없었다. 그런데도 남편에게 방해가 되고 싶지는 않았다. 두 사람은 점점 더 낯설어져갔다.

아인슈타인이 확인해준 바에 따르면, 그는 1913년 11월 20일부로 프로이센 과학아카데미의 물리학-수학과 정회원이 되었다. 리스베트가 기록한 대로, 사흘 후 아인슈타인 부부는 후르비츠 집에서 이 점에 대해 이야기를 나누었다. 12월 7일 아인슈타인은 임명을 받았고 1914년 4월에 새로 취임한다고 설명했다. 아인슈타인 가정은 후르비츠 집에서의 정례 음악회에 한번 더 참석할 수 있었다.

독일에 대한 아인슈타인의 감정에는 여러 가지가 섞여 있었다. 밀레바는 그 감정을 알고 있었다. 독일의 과학에 대한 경의를 빼고도, 아인슈타인을 독일에 결속시키는 것은 유년기의 작은 기쁨들이었다. 뮌헨의 집에서 그는 자신이 무척이나 좋아한 병아리들을 갖고 놀았다. 그곳에서는 나침반과 잊을 수 없는 수많은 것들이 그의 마음을 사로잡았었다. 그러나 밀레바는 또한 아인슈타인이 인정사정없는 군인들의 엄격함을 증오한다는 것도 알고 있었다. 그 엄격함이 뮌헨에서의 생활을 지배했다. 밀레바도 솜털의 진동을 통해 가슴이 쿵쿵 울리는 소리를 듣는 기쁨을 알고 있었다. 그녀도 바치카 평야에서 놀며 춤을 추었지만, 이런 기억들은 오스트리아-헝가리 군주국과 연결되지 않았다. 밀레바는 알베르트가 베를린으로 떠나는 것을 반대했다. 아인슈타인이 그 제안을 받아들이자 그녀는 괴로웠지만 놀라지는 않았다.

1913년 12월 23일, 후르비츠 집에서 음악연주가 있었다. 밀레바도 참석했다. 일주일 후 리스베트는, 빈터투르 공과대학의 아돌프 가서 교수가 후르비츠에게 왔는데 아인슈타인의 말을 듣고 폴리야 교수와 함께 오기 위해서라고 적고 있다. 1914년 3월 16일, 리스베트는 일기를 불어로 썼다.

마리치-아인슈타인이 우리 집에서 즐긴 마지막 시간이었다(슈만의 5중주와 모차르트의 4중주를 연주했는데 나는 제2 바이올린 주자였다). 그 집은 곧 베를린으로 떠난다.

밀레바는 혼자 앉아 있었고 저녁 내내 말이 없었다. 밀레바가 가장 좋아하는 곡을 연주했지만, 그녀가 두려워하는 작별 전의 마지막 모임이었다. 이런 아름다운 시간들도 앞으로 포기할 수밖에 없다는 생각 때문에 밀레바의 마음은 움츠러들었다.

그토록 원했던 취리히에서의 체류는 1년 반 이상 지속되지 못했다. 기대는 컸지만 제대로 채워진 것은 없었다. 물론 여행, 알프스로의 산행, 햇빛이 내리쬐는 테신에서의 체류는 아름다웠다. 하지만 알베르트는 집에 거의 머물지 않았다. 강의 때문에 해야 할 일이 너무 많았던 것이다. 학생들과도 무척 친했다. 그래서 학생들은 문제가 있으면 아인슈타인의 집을 방문하기도 했다. 학생들이나 친지들과 함께 카페에서 많은 시간을 보냈다. 그리고 휴식을 취할 때에는 음악이 있었다. 밀레바는 아들들과 함께 아인슈타인의 음악연주를 듣거나 피아노 반주에 맞추어 아인슈타인과 춤을 출 때가 가장 행복했다. 그의 명성과 인기는 밀레바를 기쁘게 해주었다. 그것이 아인슈타인을 행복하게 해준다는 것을 알고 있었기 때문이다.

장남은 육체적으로나 정신적으로나 문제없이 성장했고, 음악을 좋아하고 이미 연주도 제법 할 줄 아는 착한 학생이었다. 작은아들 테테는 다정했지만 종종 병치레를 했다. 밀레바는 프라하에서 작은아들의 병치레가 기후 탓이라고 여겼다. 그런데 취리히에서도 사정은 나아지지 않았다. 밀레바는 작은아들과 많은 시간을 함께 보내면서 정성껏 감싸주었다.

테테의 성장은 형과는 아주 달랐다. 밀레바는 자녀교육에 관한 이상한 충고를 더는 필요로 하지 않았다. 교육학 관련 책들도 아무 소용이 없었다. 이 아이의 성장이 무척 특이했기 때문이다. 아이는 읽기를 저절로 익혔는데, 자기에게 중요하고 재미있는 것은 몽땅 암기했다. 그 때문에 밀레바는 걱정을 했고 아이의 능력이 발전하는 것을 늦추려고 했다. 밀레바 자신도 다독을 했는데 주로 물리학 관련 책들이었다. 이제 급속도로 성장하는 물리학을 따라가고자 했기 때문이다. 어찌 보면 물리학의 견해들이 여러 가지로 갈라지고 있는 것 같았는데, 밀레바는 이것을 일시적인 현상에 불과하다고 생각했다.

밀레바는 학창시절에 물리학에서 정지 상태를 느낄 수 있음을 알았다. 어떤 현상이나 경험들은 도그마처럼 뿌리박힌 지배적 견해에 제대로 끼워 넣어질 수 없었다. 당시 유럽에서는 마흐로 대표되는 실증주의와 현상론이 발전했고, 미국에서는 윌리엄 제임스와 존 듀이를 대표 주자로 하는 실용주의가 발전했다. 듀이는 거의 도구주의자로, 물리학에서 모든 지성을 반대하는 사람이었다. 그의 생각에 따르면 목적에 도움이 되는 것만이 가치를 지녔다.

밀레바는 이처럼 여러 조류들의 동요 때문에 액체의 브라운 운동을 기억해냈다. 그녀는 종래의 견해에서 이처럼 벗어나는 것들이 지닌 중요성을 파악할 수 있었다. 밀레바는 상대성이론이 20세기에 가져온 새로운 것의 가치를 알고 있었다. 그녀에게 특별한 인상을 준 사람은 노이엔부르크 출신의 베를린 사람, 에밀 뒤 부아레몽이었다. 생리학자였던 그는 신진대사의 물리학을 연구했다. 이것은 밀레바가 나중에 시도한 몇몇 식물학 연구에서도 다룬 문제였다. 1872년의 유명한 강연 '자연인식의 한계에 대하여'는 밀레바에게 대단히 깊은 감동을 주었다. 그녀는 이 강연집을 반복해서 읽었으며, 언제나 깊이 생각해보곤 했다. 힘이 작용하는 공간에서 대체 무슨 일이 일어나며, 인간의 뇌에 있는 물질은 어떻게 생각하고 느낄 수 있는가? 이것은 말이 없는 밀레바가 다룬 주된 문제였다. 그녀는 수학자였지 철학자는 아니었다.

베를린, 이별

수많은 민족들에게 불길한 운명의 해가 된 1914년 4월에 아인슈타인 가족은 베를린으로 이주하여 달렘에 집을 구했다. 밀레바는 집안일을 맡았다. 그녀는 이 나라, 이 도시가 몹시 싫었다. 밀레바에게는 친구도 없었고, 알베르트 친척들과의 화해할 수 없는 미움은 그녀가 피부로 느낄 수 있을 정도였다.

한스 알베르트는 학교를 다녔는데, 지나친 엄격함과 암기 위주의 학습 방법에 대해 처음부터 불평을 했다.

"학교에서 가르치는 것이라곤 그저 한 가지뿐이에요. 가능한 한 철자 그대로 많이 외우라는 것뿐이에요."

아버지 아인슈타인은 어린 시절 뮌헨에서 학교를 다닐 때부터 이런 점을 너무도 잘 알고 있었다. 테테는 여전히 엄마 품에 있었다. 특이한 아이였던 테테는 이제 밀레바의 고독한 어둠 속에 비치는 유일한 사랑스런 빛이었다. 테테는 음악을 무척 좋아했다. 집에서나 산책을 길게 하면서 어머니와 대화를 나눈다는 것은 네 살짜리 아이의 경우 극히 이례적인 일이었다. 일상적인 것에서 독특하게 벗어나 있는 테테의 태도는 예나 지금이나 밀레바의 마음을 달래주었다.

7월에 학년이 끝나자 밀레바는 아이들을 데리고 취리히로 휴가를 갔다. 알베르트는 베를린에 가까운 친척들이 있었다. 그는 이 친척들과의 관계를 성심껏 돌보았다. 밀레바는 알베르트의 친척들과 가까워지지 못했다. 그때까지도 친척들이 밀레바와 알베르트의 결혼을 인정하려 들지 않았기 때문이다. 밀레바 자신도 접근을 원하지는 않았다. 그런데 남편의 거동에서 그녀는 낯설고 불쾌한 느낌들을 받기 시작했다. 알베르트는 베를린에 남았다. 가족이 9월이면 다시 베를린으로 돌아올 것이므로 취리히로의 여행에만 동행했다. 하지만 베를린으로의 귀환은 당시에 이미 불확실했던 것으로 보인다. 곧이어 제1차 세계대전이라는 엄청난 사건이 벌어져 가족이 다시 베를린으로 돌아갈 수 없게 되었기 때문이다.

오스트리아-헝가리는 1878년 베를린 회의 이후 점령한 보스니아-헤르체고비나(유럽 서남부 아드리아해 연안에 있는 나라 - 옮긴이)를 1908년 병합시켰다. 이 때문에 슬라브 사람들의 분노가 끓어오르기 시작했다. 1914년, 왕위 계승자인 프란츠 페르디난트는 하필 터키에 대항하여 세르비아 사람들이 벌인 '암젤펠트 전투'(1389) 기념일인 '비도브단'에 군대를 대동하고 환영 인파를 동원하며 사라예보를 공

밀레바가 두 아들과 함께 1914년 베를린에서 찍은 사진

식 방문했다. 세르비아 사람들은 이를 도전으로 받아들였다. 보스니아계 세르비아 청년들의 모반 조직이 형성되었고, 황태자 프란츠 페르디난트와 황태자비가 이 조직에 희생되었다. 오스트리아는 세르비아에 받아들일 수 없는 최후통첩을 보냈다. 그 결과 두 나라는 전쟁 상태에 돌입했고 제1차 세계대전이 발발했다.

밀레바는 남편은 물론이고 오스트리아–헝가리에 있는 부모로부터도 단절된 채 아이들과 함께 스위스에 머물렀다. 그녀는 알베르트에게 스위스로 돌아와달라고 간청했다. 그런데 알베르트는 전쟁이 났다고 해도 프로이센 아카데미에서 자신이 하고 있는 학문적 활동에는 아무런 지장이 없다고 답변했다. 오히려 밀레바에게 취리히에 그대로 있으라고 달랬다. 아들들이 자유로운 나라에서 밀레바의 손길 안에 있기를 바란다고 했다. 그는 가족이 다시 합치는 것에 대해서는 언급하지 않았으며, 밀레바의 소망이나 계획에 대해서도 묻지 않았다. 밀레바는 처음에 알베르트가 베를린을 고집하는 이유가 진짜로 학문적인 작업 때문이라고만 생각했다. 학문적인 연구가 그에게 항상 우선이라고 알고 있었기 때문이다.

밀레바는 반호프슈트라세 59번지에 있는 하숙집에서 아이들과 함께 머물렀다. 남편 없이 취리히에 체류하는 게 일시적이라고 여겼기 때문이다. 남편이 이 끔직한 전쟁에서 자신을 버리고 아이들에 대한 걱정을 자신에게만 전가했다는 사실을 받아들이기란 무척 어려웠다.

게다가 일정한 수입도 없이 말이다. 남편으로부터의 송금은 비정기적이었고 불충분했다. 그것은 실제적인 결핍 자체보다 밀레바의 마음을 더욱 무겁게 만들었다. 그녀는 세상에 어떤 일이 있어도 아버지에게 도움을 요청할 마음이 없었다. 오히려 부모님이 자신이 처한 이러한 어려움에 대해 결코 알아서는 안 된다고 생각했다.

다시 리스베트의 일기장에 나타난 아인슈타인 가족에 대한 언급을 보면, 1915년 8월 13일에 밀레바가 아이들과 함께 차를 마시러 왔다고 적혀 있다. 계속 이어지는 내용을 보면 이렇다.

아인슈타인은 베를린에 있게 된 이후 가족들로부터 점점 더 소원해졌고, 특히 여자사촌의 영향을 받고 있다. 일이 어떻게 될지 알 수 없었다. 아이들은 너무 사랑스럽다. 특히 작은아이는 너무도 생기발랄하고 재미가 있다. 그들이 집으로 돌아갈 때면 우리 식구가 어느 정도 구간까지 바래다주었다.

밀레바가 하숙비도 지불할 수 없는 처지가 된 것도 이미 오래전 일이다. 이런 일을 털어놓고 이야기할 수 있는 사람은 남편뿐이었다. 밀레바는 남편에게 아이들이 비참함을 알아서는 안 되므로 정기적으로 돈을 보내달라고 부탁했다. 집주인이나 하숙비 받는 사람 곁을 지나가야 할 때마다, 적대감을 갖고 빤히 바라보는 수많은 사람들 곁을 지나쳐 가는 것과 같은 심정이었다. 가능한 한 복도에 아무도 없을 때 몰래 빠져나가곤 했다. 밀레바는 친구들을 방문했지만, 자신이 처한 곤경에 대해서는 한마디도 털어놓지 않았다. 아이들과 함께 취리히의 아름다운 주변을 돌아다니는 것만이 가장 좋았다. 8월 23일에 세 모자는 후르비츠 가족과 함께 데겐리트의 엘레판텐바흐 시냇가에 갔다. 리스베트의 일기에 따르면, 아인슈타인 부인이 이번에는 여름휴가를 가지 않을 거라고 언급했다고 한다.

밀레바는 숲에 머무는 것을 가장 좋아했다. 그곳에서 작은 음식점에 들러 아이들을 먹이면서 그녀 자신은 굶었다. 똑바로 서 있는 나무와 사랑스런 새들의 지저귐은 밀레바에게 용기를 주었지만, 밤이면 상태가 좋지 못했다. 아이들이 피곤하여 깊이 곯아떨어지는 동안 밀레바는 턱을 괴고 앉은 채, 전쟁이 지속되는 한 생활을 어떻게 꾸려나가야 할지에 대해 곰곰이 생각했다.

1914년 9월 17일, 후르비츠 가족은 밀레바의 하숙집에 악보를 놓아두었다. 밀레바는 과외수업을 하고 싶어했지만, 아이들끼리만 내버려둘 수는 없는 노릇이었다. 그래서 후르비츠의 아이들이 더는 필요로 하지 않는 악보들을 초보자를 위해 빌려주었다. 그러나 아무리 절약해도 돈은 금세 바닥났다. 그래서 밀레바는 친구 루쟈 존더에거-샤이에게 반드시 비밀로 해줄 것을 간청하면서 돈을 좀 빌려달라고 부탁했다.

소풍을 나온 에두아르트(테테)와 한스 알베르트(부야)

9월 20일, 후르비츠 집에 온 밀레바는 유명한 독일 여성작가 리카르다 후흐가 상급여자학교에 다닐 때 자신의 담임선생이었다고 이야기했다.

마침내 베를린에서 돈이 왔다. 밀레바는 그 돈으로 즉시 볼타슈트라세 30번지에 있는 집을 세내고 수학 과외를 시작했다. 베를린에서 가구가 도착하면 음악 과외수업도 할 요량이었다. 편치 않던 밀레바의 마음이 조금은 누그러졌다. 연초에 밀레바는 후르비츠 가족에게 차 마시러 오라고 초대했다. 전나무와 케익과 장난감도 있었다. 아인슈타인은 아이들에게 함께 갖고 놀 수 있는 장난감을 보냈고, 가족을 돌보겠다는 약속도 했다. 밀레바가 이 점에 대해 한마디 불평도 늘어놓지 않았는데도, 리스베트는 격분하는 어조로 "제발 그것만은!" 하고 말했다.

1915년에는 날씨가 특히 이상했다. 3월에도 눈이 많이 내려 쌓였다. 눈보라가 심하면 밀레바는 테테를 데리고 큰아들을 학교까지 데려다주었고, 돌아오는 길에 필요한 물건들을 구입했다. 이제 밀레바의 세 모자는 글로리아슈트라세 59번지에 살고 있었다. 가구도 베를린에서 도착했고, 그래서 집만큼은 모든 게 제 자리를 잡았다. 아이들은 배불리 먹었고 따뜻한 방도 있었다. 밀레바는 전적으로 알베르트의 도움에 의지하지 않아도 될 정도로 돈을 벌었다.

3월 7일, 밀레바는 눈이 심하게 오는데도 아이들을 데리고 후르비츠의 집에 왔다. 그녀는 리스베트가 배우는 이탈리아어의 새 교재에 관심을 보이면서 빌려갔다. 그래서 이제는 초보자를 위한 이탈리아어 수업도 할 수 있었고, 그러면서 동시에 그녀 자신도 뭔가 새로운 것을 배울 수 있었다. 밀레바에게 있어서 아인슈타인의 생일은 처음부터 기념일이었다. 이런 상황에서도 그녀는 베를린으로 보낼 선물을 사고 있었다. 3월 14일, 리스베트가 전차에서 밀레바를 만났을 때, 그녀는 알베르트에게 보낼 선물을 들고 있었다.

베를린에서 헤어진 지 1년 후 아인슈타인이 취리히로 왔다. 그런데 대개는 밀레바 없이 아이들하고만 산책을 했다. 한스 알베르트를 데리고 남독일까지 여행하기도 했다. 배낭을 메고 여행했으며, 싸구려 여인숙에 묵기도 했다. 부자는 긴 대화를 했다. 그러나 아들이 이제 가족들이 모두 베를린으로 가게 되느냐고 묻자, 아버지는 정확한 답변을 회피하면서 지금 독일에서의 생활이 무척 어렵고 학교의 사정도 좋지 않다고만 말했다. 아버지는 큰아들이 자기 같은 학자가 되기를, 그리고 두 아들 모두 스위스에서 학교교육을 받기를 바란다고 했다. 두 사람이 여행에서 돌아오자, 밀레바가 아인슈타인에게 장래 계획에 대해 물으며 확실한 답변을 해달라고 요구했으나 소용이 없었다.

아인슈타인이 베를린에서 돈을 송금하는 것은 불규칙적이었고 충분치도 않았다. 송금이 점점 더 까다로워지고 있었고 독일화폐가 말도 못할 정도로 평가절하되었기 때문이다. 밀레바는 수학과 피아노 과외를 하면서 하숙생도 받았으며 빚도 지고 있었다. 친구들이 기꺼이 도와주겠다는 성의마저 거절했다. 언제, 그리고 과연 친구들에게 빌린 돈을 갚을 수 있을지 몰랐기 때문이다. 그런데도 아이들에게는 최고의 교육을 시켰다. 밀레바의 생각에는, 아이들이 계속 이어지는 궁핍과의 싸움에 대해 알아서는 안 되었다. 처음에 밀레바는 아들들에게도 직접 음악수업을 했다. 그런데 테테가 음악에 남다른 재능이 있음을 알게 된 후로는, 돈이 많이 드는 최고 수준의 선생들에게 수업을 받게 했다.

밀레바는 자신의 마음을 깊이 건드리는 것에 대해 남편 알베르트와 이야기를 나눌 수 있다고 여전히 믿고 있었다. 그래서 알베르트에게, 오스트리아 군대에서 군의관으로 복무하던 유일한 남동생 밀로쉬가 러시아 전선에서 행방불명되었고, 그 고통 때문에 친정어머니가 중병에 걸렸다고 편지를 썼다. 이 편지에 대해 아인슈타인은 그 어떤 반응도 보이지 않았다. 그래서 밀레바는 어머니에게 갔고 티텔에 있는 친척들도 방문했다. 그녀는 알베르트가 여자사촌 엘자의 집으로 이사했다는 사실을 알고 있었지만, 그가 돌아오리라는 희망을 여전히 버리지 않고 있었다.

알베르트의 기분도 편하지만은 않았다. 엘자와 그녀의 두 딸은 알베르트를 둘러싸고 극진히 보살폈다. 언젠가는 알베르트가 선택을 해야 하고, 누구에게 마음을 줄 것인지 결정해야 했다. 그 때문에 알베르트는 항상 마음이 무거웠는데, 이제 자신이 절망적인 딜레마에 빠져 있음을 알게 되었다. 취리히에 있는 친구들은 그에게 이혼은 안 된다며 말렸다. 아인슈타인이 ‘객관적이고 심리적인 상황을 오류 없이 이해하는’ 사람이라고 말하는 하인리히 창거는, 아버지로서 의무는 물론이고 가정을 꾸리면 감당해야 하는 책임에 대해 아인슈타인에게 상기시켰다.

오랫동안 괴로워하며 주저하고 다시 갈등을 겪은 후, 아인슈타인은 어느 면에서나 자신에게 친숙한 주변 사람들에게서 느끼는 편안함에 직접 영향을 받게 되었고 마침내 그 영향이 승리를 거두었다. 아인슈타인은 밀레바에게 편지로 이혼을 요구했다. 그 편지에는 아인슈타인이 자기 방식대로 밀레바에게 항상 성실하겠다는 약속의 말도 담겨있었다.

이 편지는 밀레바가 취리히에서 제기한 질문에 대한 답변이었다. 그 당시에는 밀레바의 질문에 대답을 할 수 없었는데, 그 자신도 어찌해야 할지 명확하지 않았기 때문이다. 밀레바가 이 편지를 보관한 이유가 어쩌면 이 이상한 마지막 말 때문이었을 수 있다. 그 편지는 누렇게 변하고 구겨진 채 밀레바의 유고에서 발견되었다. 밀레바는 이 편지를 아들들에게 보여주었다. 그런데 아들들은 이 편지를 보고 놀라지 않았다. 아버지가 돌아오지 않을 거라고 항상 예상했기 때문이다.

친구들은 밀레바의 편이었다. 그렇지만 밀레바는 그 어떤 사람보다도 남편을 잘 이해했다. 다만 엘자에 대해서만 격분했다. 엘자를 전부터 알고 있었지만 좋아하지는 않았다. 그런데 하물며 엘자를 신뢰할 수 있겠는가. 밀레바도 아인슈타인이 다른 일들에서 종종 밀레바의 직관에 따라 행동했던 것과는 달리 이번에는 그렇지 않으리라는 것을 알고 있었다.

엘자는 미망인이었고, 아인슈타인과는 이중으로 친척관계였다. 엘자의 부친과 아인슈타인의 부친은 사촌 간이었고, 그들의 모친은 육촌 간이었다. 어렸을 때부터 엘자와 아인슈타인은 놀이를 함께 했으며 항상 서로 호감을 많이 갖고 있었다. 친척들은 두 사람이 다시 가까워지도록 유도했고 도와주기까지 했다. 친척들은 이미 몇 년 전부터, 밀레바가 볼품없고 고상하지 못해서 대단히 유명한 남자의 배필로는 어울리지 않는다고 흠을 잡고 불평을 늘어놓았었다.

이혼, 계속되는 불행

엘자는 아인슈타인보다 다섯 살 많았다. 그녀는 화려함을 좋아했고, 영향력 있는 사람들 속에서 생활하는 것에 익숙해 있었다. 밀레바가 베를린에서 떠난 후 아인슈타인은 외로워졌다. 엘자는 그의 주위에서 특히 세심하게 신경을 써주었고, 어린 시절의 유쾌한 분위기를 만들어 주었다. 엘자의 집은 근심걱정 없이 살았고 모든 게 갖추어져 있어서, 아인슈타인이 아주 자유롭게 연구에 몰두할 수 있었다. 그 작업은 아인슈타인의 일반상대성이론에서 중요한 것으로, 1916년에 핵심 사항이 완성되었다.

밀레바는 그럼에도 아인슈타인이 돌아올 것으로 믿었다. 아인슈타인에 대한 사랑과 그에 대한 믿음을 도저히 버릴 수 없었기 때문이다.

노비사드에 있는 밀레바 가족들은 깊은 슬픔에 잠겨 있었다. 밀레바의 어머니는 아들의 행방불명으로 인한 고통 때문에 중병에 걸렸다. 밀레바가 도착하자 어머니의 기분은 한결 나아졌다. 밀레바는 이제 세르비아 사람들의 너무도 큰 고통을 목격한 증인이 되었다. 세르비아 사람들이 절멸될 정도로 위협적인 상황이었다.

전쟁이 벌어지고 있는 나라를 거쳐 취리히로 돌아가는 길은 무척 힘이 들었다. 집에 도착하니 알베르트의 편지가 와 있었다. 그 편지에는 자신이 밀레바의 고통에 조금도 책임이 없으며, 자신은 이제 밀레바와는 전혀 상관없이 살아가고 있다는 내용이 담겨 있었다. 밀레바는 그들 두 사람의 영혼을 그토록 놀랍게 엮고 있었던 여린 끈이 끊어졌다고 느꼈다. 또한 이제는 정말 헤어진 것이고, 자신의 모든 능력과 꿈 그리고 노력을 바쳤던 사람을 영원히 잃었다는 사실을 깨달았다.

1916년 부활절에 아인슈타인이 취리히로 왔다. 이때의 만남은 재앙과 같았다. 아인슈타인은 다시는 밀레바를 보지 않겠다는 철회할 수 없는 결정을 내렸다. 한스는 아버지가 베를린으로 돌아가자 편지 교환을 중단했다. 밀레바가 병이 나고 여름에 이루어진 또 한번의 취리히 방문이 싸움으로 번지자, 아인슈타인은 두 사람 사이에서 중매인 노릇을 했던 베소에게 자신의 분노를 담은 긴 편지를 썼다. 자신이 취리히에 가면 밀레바가 뭔가 요구할 것이고 자기는 그 요구를 거절할 수밖에 없다고 했다. 다시는 밀레바를 보지 않겠다고 결심한 것도 있지만, 또 문제가 생기지 않게 하기 위해서라고도 했다. 밀레바가 아파서 병원에 가야만 하는 경우라면 다르겠지만 말이다. 그런 상황이라면 밀레바를 방문하고 아이들을 중립적인 토대에서 만날 거라고 했다. 그런 상황이 아닌 한 '밀레바를 보지 않겠다' 고 선언했다.

이혼을 요구하는 편지가 왔을 때만 해도 밀레바는 죽을 것 같았고 심하게 앓았다. 그녀는 아들들을 친구 헬레네에게 보냈다. 헬레네는 남편과 아이들과 함께 적에게 점령당한 세르비아로부터 도망쳐 로잔느 근처의 빌라-쉬르-보몽에 와 있었다. 헬레네는 빈 출신이었지만 남편의 고향을 드러내놓고 좋아했다. 피난민으로 와 있는 헬레네 가족의 사정도 편치 않았다. 그런데도 밀레바의 아들들을 맞아들여, 가지고 있는 것을 자기 집 아이들과 나누게 했다. 한스 알베르트와 테테는 3주 동안 헬레네의 집에 머물렀다. 그 덕분에 밀레바의 마음도 약간 진정될 수 있었다. 그렇지만 절망이 너무 컸기 때문에 아이들 생각은 거의 할 수 없었다. 밀레바 자신이 기꺼이 희생한 삶의 의미가 전부 사라져버렸고, 그와 함께 그녀가 한 투쟁과 체념의 의미, 그리고 가치에 대한 믿음도 없어져버렸다. 밀레바는 죽음의 언저리에 있었고, 다시는 질병의 통증으로부터 벗어나지 못하게 된다. 친구들이 오고 갔지만 밀레바는 무척 고독하게 하루하루를 보냈다. 그녀와 진심으로 유대 관계를 맺을 수 있는 사람은 아무도 없었다. 그것은 죽어가는 것과 같은 상태였다. 죽을 때는 누구나 혼자이듯 말이다.

1916년 7월 17일, 리스베트는 어머니가 아인슈타인 부인을 방문했다고 적고 있다. 밀레바는 벌써 2주째 심각한 심장 발작 때문에 병

석에 누워 있었다. 의사는 임종이 다가왔다고 판단했다. 그러나 밀레바는 기운을 차리고, 예전처럼 용감하게 전적으로 자신에게 달려 있는 삶의 불꽃인 두 아들에 대한 책임을 짊어졌다. 그녀는 자신의 괴로움에만 너무 집착했다고 깊이 후회하면서 마지막 의지를 발휘하여 아들들을 다시 불렀다.

그러나 병은 그녀의 결의를 봐주지 않았다. 그래서 밀레바는 부득이 가톨릭 수녀들이 운영하는 병원인 테오도지아눔으로 보내질 수밖에 없었다. 밀레바를 방문한 후 리스베트는 밀레바의 심장 발작이 지난주에는 더욱 심했다고 적고 있다.

한결같은 친구 창거 교수는 밀레바의 병이 왜 생겼는지를 분명히 알고, 아인슈타인을 취리히대학으로 다시 불러오기 위해 애썼다. 그렇게 하면 아인슈타인이 베를린의 영향으로부터 벗어나 옛 가정으로 돌아갈 거라고 믿었기 때문이다. 알베르트는 약간 망설였지만, 결국 창거의 제의를 거절했다. 창거가 자신을 부당하게 대한다는 게 거절의 이유였다.

1916년 9월 8일, 아인슈타인은 베를린에서 헬레네 카우플러-사비치에게 한 통의 편지를 쓴다. 대단히 사이가 좋고 무척 친밀하며 철학적인 느낌을 주는 이 편지는 프랑스어로 씌어졌으며, 사소한 정서법상의 잘못도 몇 개 발견된다. 이 편지는 1980년 뉴욕에서 경매에 붙여진 후 사라졌으며, 헬레네의 세르비아어 번역본으로만 접할 수 있다.

친애하는 헬레네

편지를 받고 무척 기뻤습니다. 첫째는 내 아들들에 대해 상세히 씌어 있기 때문이고, 그 다음으로는 나를 알고 있는 사람들 대다수가 그런 것처럼 겉으로 보이는 것만으로 나에게 유죄판결을 내리지 않으시기 때문입니다.

미차와 헤어지는 것은 나로서는 살아남는 것과 관련된 일이었습니다. 우리가 함께 사는 것은, 물론 우울한 이야기지만 불가능하게 되었습니다. 그 이유를 나는 밝힐 수 없습니다. 그래서 내가 너무도 사랑하는 아들들을 포기했습니다. ……아이들이 나의 길을 이해하지 못하고 나에 대해 원한을 품고 있다는 것을 알고는 너무도 안타까웠습니다. 아무리 고통스럽더라도 아이들을 더는 보지 않는 게 아버지로서 더 낫다고 생각합니다. 나는 아이들이 성실하고 가치를 인정받는 사람들이 된다면 만족할 것입니다. 어느 모로 보나 그렇게 될 것입니다. 그 아이들이 재능을 지녔기 때문입니다. 내가 아이들의 교육에 아무런 영향도 미치지 못한다는 상황과 상관없이 말입니다.

나는 아이들 엄마에 대해 깊은 신뢰를 갖고 있습니다. ……미차가 아프다는 소식은 나를 불안하게 만듭니다. 다행히도 애들 엄마는 이제 완전히 회복되었습니다. 그럼에도 그녀는 내게 언제나 나로부터 잘려나간 부분이고 그렇게 남을 겁니다. 미차에게 결코 다가가지 않을 것입니다. 나머지 삶을 그녀 없이 마칠 겁니다. 미차가 한동안 그녀 특유의 움츠러드는 태도 때문에 고통받을 거라고 생각합니다. 미차가 괴로워하는 것은 또한 그녀의 부모와 여동생 때문이기도 합니다. 미차는 그들과 화기애애하게 살면서 자신의 고유한 능력을 전적으로 소홀히 했습니다. 미차가 절망의 시간을 극복하도록 당신이 도와주신다면 무척 도움이 될 수 있을 겁니다.

날 동정하지는 마세요. 외부적으로는 문제가 있지만, 내 삶은 대단히 조화롭게 진행되고 있습니다. 나의 생각은 전부 사유하는 것에 맞추어져 있습니다. 나는 넓은 지평선에 감격한……개인과 같아서, 어떤 이해할 수 없는 일들 때문에 지평선을 관찰하지 못하게 될 때에만 지장을 받습니다.

그동안 밀레바는 병원생활의 엄격한 규정 때문에 괴로워했다. 10월 25일, 리스베트는 아인슈타인 부인이 곧 집으로 올 수 있다고 적고 있다. 이것은 밀레바의 요청에 따라 이루어졌지만, 그녀가 완전히 나은 것은 아니었다. 내적인 고통으로 인한 육체적인 증상만 부분적으로 제거할 수 있었을 뿐이다.

1917년 5월 2일, 리스베트는 다시 병원에 있는 밀레바를 방문했다고 적고 있다. 이번에는 베타니엔하임에 있는 병원이었는데, 개신교 간호사들이 운영을 맡고 있는 곳이었다. 통상적으로 적용되는 규정들과 중환자가 있는 병원의 분위기가 이곳에서도 지배적이었다. 밀레바는 한 달간 병원에 입원했다가 여전히 통증을 느꼈지만 집으로 돌아왔다. 집에 와서야 발코니에서 밤낮 도시의 생활과 멀리 보이는 눈 덮인 산을 바라보고 신선한 공기를 들이마실 수 있었다. 베타니엔하임에 있는 동안 테테가 밀레바와 함께 있었고, 한스 알베르트는 창거의 집에 맡겨졌다.

1917년 6월 5일, 후르비츠 가족은 발코니의 침대에 누워 있는 밀레바를 만났다. 그 당시 밀레바는 밤에도 발코니에서 시간을 보냈다. 테테는 일곱 살이 채 되지 않았는데도 벌써 하우프의 동화집을 읽었다. 밀레바가 이 동화집을, 그것도 낯선 언어인 독일어로 읽었을 때는 테테보다 나이가 좀더 많았을 뿐이었다.

밀레바는 삶에 대해 많은 생각을 했다. 아인슈타인의 삶을 의미 있게 만드는 데 얼마나 많은 시간과 노고가 들었는데, 모든 게 어떻게 이렇게 빨리 파괴될 수 있단 말인가! 그녀는 또한 병이 육체적·정신적인 힘을 얼마나 빨리 갉아먹을 수 있는지도 인식했다. 밀레바는 몹시 사랑하는 아이들 곁에서 자신이 이렇게 파괴되는 것을 더욱 비극적으로 체험했다. 이 모든 게 그녀로 하여금 완전히 체념하게 만들었다.

8월과 9월 두 달을 병원에서 보낸 후 밀레바는 어머니에게 와서 돌봐달라고 편지를 썼다. 그렇지만 아들이 행방불명된 이후 어머니 자신이 너무 병약해져서 여행을 할 수 없는 상태였다. 게다가 밀레바의 어머니는 딸의 상황이 얼마나 나쁜지에 대해 모르고 있었다. 그래서 어머니는 8월 밀레바에게 막내딸 조르카를 보냈다. 조르카는 리스베트에게 아주 건실하다는 인상을 주었다. 그러나 1917년 11월 4일 리스베트의 기록을 보면 조르카는 자신이 언니 밀레바보다 다리를 더 심하게 전다고 언급했다.

조르카는 거의 3년간 언니 곁에 머물렀다. 조르카의 체류가 끝날 무렵 밀레바는 그녀의 거동에 뭔가 변화가 생겼음을 알아챘다. 언니에 대해서는 한없이 착하고 기꺼이 희생하는 조르카였지만 인간에 대해서는 증오만 표현하고 있었다. 밀레바는 조르카의 태도를 인류에 대해 절망하게 만드는 전쟁 체험의 결과라고 생각했다. 그런데 조르카가 갑자기 노래를 부르고 아무런 이유도 없이 웃어대기 시작했다. 밀레바는 여동생을 의사에게 보냈지만, 드러난 대로 치료 방법이 없었다. 조르카를 혼자 돌려보낼 수 없었기 때문에, 밀레바는 아버지를 오라고 청했다. 그러나 동생에 대한 걱정을 전달하면서도 자신에 대해서는 한마디도 하지 않았다.

1918년 조라 제가가 벨그라드에서 취리히로 공부하러 왔다. 당시에는 멀리 여행을 하는 누군가를 통해 그곳에 살고 있는 친척이나 친구들에게 인사나 선물을 전하는 게 보통이었다. 전쟁으로 심하게 황폐화된 벨그라드가 이제 비로소 해방되어 어려운 상황이었는데도, 밀레바의 친구들은 인사말 외에도 작은 선물들을 보내왔다. 조라가 그것들을 밀레바에게 전달했다. 조라가 벨을 누르자, 매우 호감이 가는 얼굴에 상기된 표정을 한 키 작은 부인이 흰색 앞치마를 두른 채 문을 열어주었다. 다름 아닌 밀레바였다. 조라는 밀레바에게 자신이 누구인지를 밝히며, 벨그라드에서 보내는 인사를 가져왔다고 말했다. 밀레바는 기뻐하며 조라를 들어오게 하고는 전기다리미의 스위치를 꺼야 하니 잠깐 기다리라고 부탁했다. 막 다리미질을 하고 있었기 때문이다. 그러고는 밀레바가 이렇게 말했다.

"그러면 우리말로 이야기하죠."

대화 중에 밀레바는 벨그라드와 그곳의 친구들, 그리고 조국의 정치적 상황에 대해 관심을 표명했다. 이것이 조라와 밀레바의 첫번째 만남이었다. 이 만남은 나중에도 여러 번 이어졌다. 박사학위를 끝내고 결혼한 후 조라 켈러-제가 부인은 취리히에 있는 유고슬라비아 클럽의 의장이 되었다. 밀레바는 이 클럽의 회원이 되었고 클럽에서 개최하는 강연에 참여하고 클럽의 모든 활동을 지원했으며, 고국과 관련된 온갖 선언에도 함께 했다. 한번은 조라의 집을 방문하여 창문을 통해 길거리를 내다보며 우울하게 말했다.

"집이 참 좋네요. 나도 이렇게 살고 싶은데."

조라는 기이하게 생각하며 말했다.

"취리히에서도 가장 멋진 구역에 살고 계시고 댁에서 바라보는 전경은 훌륭하잖아요."

"그렇죠. 하지만 인간은 속성상 언제나 삶에서 자신을 행복하게 할 수 있는 것을 남들이 선택했다고 생각하기 마련이에요."

이 당시에는 테테가 앓고 있었고, 집은 정원이 있는 외딴 저택에 있었다.

1919년 2월 14일, 밀레바의 결혼은 '자연적으로 감당할 수 없기' 때문에 법적으로 이혼이 성사되었다. 두 사람 중 아무도 이혼 재판에 출석하지 않았다.

1919년 여름방학 때 후르비츠 가족은 보덴호에 머물렀다. 이곳에서 그들은 7월 14일에 아들들과 함께 있는 아인슈타인을 만났고 아로사로 가기로 결정했다. 그곳에서 테테는 나중에 요양소로 가야 했다. 아인슈타인은 결혼생활에 대해서뿐만 아니라 이혼이 최상의 해결책이라는 데 대해 상세히 이야기했다. 또한 밀레바가 결핵이기 때문에 작은아들이 걱정되긴 하지만, 아이들을 위해서는 어머니 곁에 있는 게 최선이며, 밀레바가 다리를 저는 것도 결핵 때문이라고도 말했다.

길게 이야기하며 결혼생활에 대해 늘어놓는 아인슈타인은 고결하게 말없이 있는 밀레바와는 근본적으로 달랐다. 그리고 이제는 그녀의 결핵을 문제 삼다니! 밀레바가 고관절 탈골 상태로 태어났다는 사실은 아인슈타인도 잘 알고 있었다. 고관절 탈골은 결핵과는 전혀 상관이 없는 일이었다. 원인이 아직도 제대로 밝혀지지 않은 이런 신체적 결함은 거의 모계로부터만 유전되는 것으로, 여러 세대를 건너뛰다가 갑자기 다시 나타나는 것이었다. 그리고 자신이 주장하는 '결핵'에 대한 온갖 불안에도 불구하고 아인슈타인은 아들들을 밀레바에게 맡긴 셈이다.

아로사에서 리스베트는 7월 16일에 아인슈타인이 한스 알베르트와 함께 노를 저으며 보트를 탔다고 기록하고 있다. 또한 테테는 아동 요양소 페돌린에 남았다고 보고하고 있다. 밀레바는 테테를 위해 아로사를 선택했다. 그곳의 숲에는 온갖 버섯들이 풍부했고, 그 때문에 밀레바는 숲에 오르기를 좋아했다. 유럽에서 가장 이상적인 기후가 연약한 소년에게 힘을 줄 것이라고 생각했다. 아래쪽에 있는 천연기념물로 보호되는 호수는 여름에 너무 차지 않아 수영하기에 좋았다.

나중에 드러난 대로 그해 아인슈타인은 위궤양을 앓았다. 아인슈타인은 평생 위궤양 때문에 고생했다. 그는 엘자와 그녀의 두 딸로부터 간호를 받았다. 나중에 엘자의 두 딸은 아인슈타인의 호적에 올랐다. 아인슈타인은 요양하러 가면서 두 아들을 동해에 있는 아렌스후프로 데려갔다.

그후 삼부자는 남쪽의 보덴호에 갔다가 아로사를 들른 다음 오버엔가딘에 있는 햇빛이 많은 추오츠로 갔다. 그곳에서 베를린의 사업가가 아인슈타인에게 자신의 집을 내주었다. 아인슈타인은 아들들과 산책도 하고 음악연주도 하고 화기애애한 대화도 나누면서 시간을 보냈다. 알프스의 식물군, 다른 곳에서는 볼 수 없는 푸른 하늘, 매력적인 건축물들이 있는 고지의 엔가딘은 유럽에서도 가장 아름다운 지역에 속한다. 그러나 산의 정상은 아인슈타인에게 좋지 않았다. 아인슈타인은 그곳에서 처음으로 심장 발작을 일으켰다. 심장 발작에서 회복되는 데 여러 주일이나 걸렸다. 이와 비슷한 발작은 2, 3년 후에 베를린 근처의 카푸트에서 다시 나타났다.

취리히 연방공과대학의 재임용을 거절함으로써 생긴 부정적인 인상을 바꾸고 사의를 밝히기 위해 아인슈타인은 1918년 12월 취리히 교육학과장의 초청에 대한 답변으로, 강의 위촉을 받으면 상대성이론에 대해 24회에 걸쳐 강의를 하겠다는 제안을 했다. 강의는 1919년 2월 초에 시작되었다. 아인슈타인은 우라니아슈트라세에 있는 하숙집 '슈테른바르테' 에 묵었다. 그는 밀레바와 아이들을 방문했고 그들과 함께 음악연주를 했으며, 그들과 함께 있어서 좋다고 느꼈다.

이 자리에는 여성화가 도라 하우트도 있었는데, 밀레바는 그녀에게 식사 전이나 후에 자신의 이혼한 전 남편의 초상화를 그릴 수 있게 해주었다. 그동안 아인슈타인은 아들들과 함께 악기를 연주하거나 잡담을 했다. 아인슈타인은 할 수 있는 한 밀레바 곁에서 식사를 했고, 식사 후에는 바이올린을 들고 작은아들의 피아노 반주에 맞추어 연주했다. 그럴 때 아인슈타인의 얼굴 표정을 보면 정신이 나간 것 같았다. 이것은 아인슈타인에게서 항상 나타나는 특징적인 모습이었다. 도라 하우트가 그린 초상화도 아인슈타인의 이런 면을 보여주고 있다.

여의사 파울레테 브룹바허가 아인슈타인에게 실험실이 대체 어디 있느냐고 묻자, 아인슈타인은 만년필을 꺼내며 이렇게 말했다.

"여기요."

이때 아인슈타인은 뉴욕으로부터 다음과 같은 내용의 전보를 한 통 받았다며 이야기를 계속했다.

"야훼 하느님을 믿으시나요? 답변은 50자로 해주세요. 값은 지불되었습니다."

이 전보는 뉴욕의 유대교 율법학자 골드스타인으로부터 온 것이었다. 골드스타인은 보스턴의 추기경이 아인슈타인을 무신론자라고 주장한다는 말을 들었던 것이다. 아인슈타인은 자신은 존재하는 것의 조화 속에서 모습을 드러내는 스피노자의 신을 믿지만, 인간의 운명과 인간의 작품에 개입하는 신을 믿지는 않는다고 답변했다. 그는 이 답변을 위해 50개의 철자도 필요하지 않지만, 율법학자의 지식욕구가 채워졌기를 바란다고 썼다.

이 대화에 밀레바는 참여하지 않았다. 그녀는 멀리 떨어져 앉아, 뜨개질을 하거나 아들들을 위해 뭔가를 짜고 있었다.

아인슈타인이 벨그라드에 있는 헬레네 사비치에게 자신의 이혼 결정에 대해 보고했을 때, 그는 밀레바의 교육방식을 전적으로 신뢰한다고 강조한 동시에 밀레바의 능력에 대한 존경도 표시했다. 아인슈타인은 밀레바의 지적이고 윤리적인 가치를 익히 알고 있었고, 아들들에게서 때때로 터져 나오는 아버지에 대한 비방 역시 밀레바로부터 영향을 받은 게 아니라는 사실도 알고 있었다. 밀레바는 오히려 기회가 있을 때마다 아들들에게 아버지에 대해 자부심을 가져야 한다고 야단쳤다. 아들들이 아인슈타인에 대해 비난했다면, 그것은 순전히 그들 자신의 관찰에서 나온 것이었다.

아인슈타인은 취리히에서의 연속 강의를 끝내고 베를린으로 돌아간 후 엘자와 결혼을 한다. 그는 이 사실을 그 다음 취리히 체류 때 밀레바에게 통지한다. 그것은 괴로운 만남이었는데, 밀레바보다는 아이들 때문이었다. 밀레바는 거의 한마디도 하지 않았다. 그러나 독자적이고 솔직한 열다섯 살의 소년이 된 한스 알베르트는 적대적인 태도를 취했다. 한스는 아버지에게 대학입학자격시험을 본 후 공학을 공부하겠다고 말했다. 아버지와의 수많은 대화를 통해 자신이 학자가 되어 아버지의 일을 계속하기 바라는 아버지의 마음을 잘 알고 있었지만, 어쩌면 그 이유 때문에 다른 진로를 선택했을지도 모른다.

그는 어머니로부터 실제적인 것, 물질적인 것에 대한 건실한 감각을 물려받았다. 아버지는 아들의 계획에 대해 ‘불쾌하다’고 말했다. 그러나 아들은 엔지니어가 되겠다고 고집을 부렸다. 학과 선택을 둘러싸고 첨예한 의견 대립이 있었다. 밀레바는 부자의 화해를 주선하고, 기회가 날 때마다 아들들에게 아버지에 대한 존경과 사랑을 환기시키려고 애썼다. 아버지가 여러 면에서 특이한 사람이지만, 근본적으로는 아들들에 대해 좋은 마음을 갖고 있으며 사랑한다고 말이다. 밀레바는 아인슈타인이 아들들과 사적으로 관계되는 사소한 일들 때문에도 얼마나 깊이 상처받을 수 있는지를 알고 있었다.

아인슈타인은 만성적인 우유부단함 때문에 고생하게 되자 밀레바와 의논하기 위해 취리히로 갔다. 다시 밀레바와 작업하기 시작했고 밀레바에게 원고를 가져갔다. 밀레바의 검토와 주석을 받기 위해서였다. 방문은 자주 있었지만 기간은 짧았다. 아인슈타인은 명랑했고 자상했다. 그래서 가족들은 아인슈타인이 가족을 사랑하고 있으며 가족들 곁에서 기분이 좋다는 느낌을 받았다. 그런데 정작 그는 이런 느낌을 경계하는 것 같았고, 풍향계처럼 감정의 변화가 심했다. 밀레바는 다시 아인슈타인과 일을 할 수 있어서 자랑스러웠지만, 그 누구에게도 이 사실에 대해 말하지 않았다. 아인슈타인의 명성에 대해 자부심을 느꼈지만 두려워하기도 했다. 그녀는 노여워하지 않고 아인슈타인을 염려했다.

아버지와 큰아들이 감정적으로 부딪치는 게 너무 심해서, 아버지가 아들을 더는 보지 않겠다고 선언할 지경이 되었다. 아인슈타인은 밀레바에게 보낸 편지에서, 자기는 아들도 유명해지기를 바란다고 밝혔다. 그러고는 자신의 이론이 생겨나던 때를, 즉 등유 불빛 속에서 밀레바의 도움을 받으며 대작을 만들기 위해 자신이 얼마나 고생했는지를 상기시켰다. 그들의 아들은 재능이 있었지만 현실적인 성향을 지녔다. 그래서 아버지의 꿈과 명성이 아들을 도취하게 만들지 못한 것이다.

아버지는 작은아들을 높이 떠받들었다. 작은아들은 자기와 비슷했지만, 눈만큼은 엄마와 닮았다. 그 아이는 어렸을 때부터 천재처럼 보였다. 모든 일에 관심을 보였던 것이다. 이 어린아이가 읽고 들은 모든 걸 기억하고, 아버지와는 달리 중요하지 않은 것도 항상 희미하게라도 기억했다는 게 어쩌면 그 아이의 불행이었다. 작은아들은 아주 일찍부터 악기를 연주하기 시작했고, 금세 대가처럼 연주를 해냈다. 그런데도 작은아들의 연주를 들을 때 아버지는 그렇게 훌륭하지만은 않다는 느낌을 받았다. 아이가 악보를 전부 외워서 완벽하게 연주를 했지만 그대로 재생하기만 했던 것이다. 여러 영역의 지식들이 모두 이 아이 내부에 집결되었다. 학식은 풍부한 아이였지만 전혀 창조적이질 못했다.

밀레바는 아인슈타인이 오는 것을 좋아했다. 그녀가 특히 좋아하는 영역에서 아인슈타인과 다시 정신적으로 함께 할 수 있었기 때문이다. 지난 5년간 겪었던 이루 말할 수 없는 고통을 전부 보상받았다고 느끼는 것 같았다.

1919년 런던 왕립학회는 두 팀의 과학탐사단을 파견하여 브라질리아와 적도 아프리카 사이의 대서양에서 개기일식을 관찰하게 했다. 한 팀은 브라질리아 동쪽 도시 소르발로 갔고, 나머지 한 팀은 아프리카 서쪽 해안에 있는 뜨겁고 축축한 프린시페 섬으로 갔다. 그곳은 적도에서 멀지 않은 곳이었다. 두 팀은 당시로서는 최고 수준의 장비를 갖추었고, 빛의 휘어짐에 대한 아인슈타인의 중력이론을 입증해주었다. 그 이론에 따르면, 항성들로부터 나오는 광선이 태양 근처에서 약간 휘어진다고 했다. 1919년 10월 23일, 아인슈타인은 막스 플랑크에게 엽서를 보낸다.

오늘 저녁에 헤르츠슈프룽이 내게 에딩턴의 편지를 보여주었습니다. 그 편지에 따르면, 행성을 정확히 측정한 결과 빛의 휘어짐에 대한 이론값이 정확한 것으로 드러났다고 합니다. 제가 이 사실을 체험할 수 있다는 게 운명의 은총입니다.

1919년 11월 6일, 실험물리학의 위대한 대가이자 유럽 물리학자들의 대표자인 톰슨의 사회로 런던에서 왕립학회 회의가 열렸다. 톰슨은 두 팀의 과학탐사단으로부터 얻은 결과들을 보고했다. 소르발에서 빛의 휘어짐은 1.98초, 프린시페 섬에서는 1.61초로 계산되었다. 따라서 두 개의 측정값의 평균값은 1.79초였다. 그런데 아인슈타인은 그 어떤 천문학적인 기구를 이용하지 않고 간단히 손에 든 연필만으로 빛의 휘어짐을 1.75초로 계산해냈던 것이다. 1952년 2월 25일 개기일식이 일어나는 동안 보다 완벽해진 천문학적인 기구를 이용하여 확인한 바로는, 정확하게 측정된 빛의 휘어짐은 아인슈타인의 계산에서 거의 벗어나지 않았다.

아인슈타인은 자신의 중력장이론에서, 빛의 성질(미립광자)에 대한 자신의 견해와 연관지어볼 때 빛은 항성들로부터 곧장 일직선으로 우리에게 도달하는 것이 아니라 태양 근처에서 약간 휘어진다고 했다. 이런 결론에 도달한 것은 순전히 사변적인 방법을 통해서였다. 이 점에 대해서는 아인슈타인이 펠타 브룹바허 박사에게 손에 든 만년필을 가리키며 이미 말한 바 있다.

그의 주장은 별들 상호간의 위치가 이 경우에는 달라지는 것처럼 보인다는 것을 통해서만 확인될 수 있었다. 이런 현상은 자연적으로는 개기일식이 일어나는 동안에만 관찰할 수 있다. 햇빛이 있으면 별들을 볼 수 없고, 밤에는 빛이 별들로부터 일직선으로 우리에게 도달하기 때문이다. 이는 우리가 물리학의 고전적인 견해에 따라 빛의 확산을 생각하는 것과 같다. 밤에는 태양이 우리의 지평선 위에 있지 않기 때문이다. 낮에 같은 별에서 오는 광선은 태양 근처에서 중력의 장에 도달하고 이로써 휘어진다. 그래서 지상의 관찰자의 눈에는 별들 상호간의 위치가 낮과는 다르게 보일 수밖에 없다. 그런데 별들 상호간의 위치는 실제로는 달라지지 않는다.

아인슈타인의 발견은 한참 지나서야 개기일식이 일어나는 동안 확인될 수 있었다. 아인슈타인에게 학문적으로 가장 큰 보상이 주어졌던 시간이 다른 한편에서는 밀레바와 이혼하고 어머니가 중병에 걸리는 고통스런 시간이었다. 아인슈타인의 어머니는 1920년 3월 초 아들 곁에서 세상을 떠났다.

1919년 가을에 취리히에 체류하고 있는 동안 아인슈타인은 밀레바와 함께 영국 왕립학회의 탐사대에 대해 이야기를 나누었고, 두 사람은 초조하게 결과를 기다렸다.

아인슈타인은 숫자로 표현된 결과보다 그로부터 전체 이론물리학의 토대를 대단히 간단하게 만들 수 있게 된 게 더욱 중요하다고 말했다. 그런데 비교적 적은 수의 사람들만이 그 가치를 제대로 평가할 수 있다고 했다. 하지만 이것을 밀레바보다 더 잘 이해할 수 있는 사람은 없었다.

테테는 음악과 과학 공부에 점점 더 큰 재능을 보였다. 작은아들의 우상화에는 아버지 아인슈타인의 질투와 미움 같은 게 섞이기 시작했다. 그것은 어쩌면 도달할 수 없는 이상에 대한 비통한 경탄이었을 수 있다. 테테의 경우, 어린 시절부터 우수한 점과 열등한 면이 명확하게 대립되면서 드러났다. 창조력은 전적으로 부족하지만 재현해내는 데 명수라는 사실이 야심에 찬 소년에게는 고통스러운 일이었다. 테테는 아주 어렸을 때부터 특이한 귓병을 앓았고, 그 때문에 몸 전체가 심하게 아팠다. 불안정한 건강 상태는 테테의 사춘기를 더욱 위태롭게 했다.

그의 공명심은 약한 몸을 더욱 괴롭혔고, 정신은 지식과 기억 자료가 너무 많이 쌓임으로써 혼란스럽게 되었다. 테테는 때때로 베를린으로 가서 아버지의 새 가정을 방문하기도 했다. 그렇게 방문을 한 후에는 대단히 의기소침해졌다. 아버지에게 자신의 과도한 개성을 주장하고 싶은 욕구를 충격적으로 표현한 격앙된 편지들로 써보내기도 했다. 열정적인 헌신과 사랑을 통해 테테는 자기로서는 도저히 도달할 수 없을 만큼 위대한 아버지에게 다가가려고 했다.

어머니 밀레바는 크게 걱정하면서 이 모든 걸 지켜보았다. 그녀는 자신이 두려워하는 것처럼 그렇게 심한 상태는 아니며 어려운 시기가 지나갈 것이고, 테테도 아버지의 부재에 익숙해질 거라고 마음을 달래려고 했다.

1920년 1월 8일, 리스베트는 아인슈타인 부인이 세르비아로 여행할 생각이라고 간단하게 적고 있다. 그녀는 겨울의 추위가 가장 심할 때 노비사드로 향했는데, 자신의 온갖 곤경과 상관없이 부모의 집을 조금이나마 추스르기 위해서였다. 사람들이 밀레바에게 전화를 했었지만, 그녀는 누구에게도 노비사드에 가는 이유를 말하지 않았다.

여동생 조르카의 정신질환 상태가 더욱 악화되었다. 조르카는 매우 재능이 있었고 교육도 받았으며, 류블리야나에 있는 여학교도 다녔고 빈에서 대학교육도 받았다. 조르카가 취리히의 언니 집에 머문 것과 거동이 점점 더 이상해진 것에 대해서는 앞서 살펴보았다. 아버지가 조르카를 집으로 데려왔을 때는 이런 상태가 일시적일 것이라는 희망이 있었다. 그러나 사정은 더욱 나빠졌다. 조르카는 거칠어졌고 사람들이 접근할 수 없을 정도가 되었다. 유독 고양이에게만 지나치게 자상했다. 공간이 무척 넓은 저택에는 여러 세입자들이 있었는데, 조르카는 모든 사람들과 싸우고 있었다. 부모에게도 욕을 할 정도로 뻔뻔해졌다. 아버지를 미워했고 불결한 말로 아버지를 욕보였다.

일반인들에게 존경을 받고 인기도 있었으며 명랑한 성격이었던 아버지 밀로쉬는 상심이 큰 나머지 점점 더 외출을 삼갔다. 밀레바가 함께 있다는 사실만이 이 음울한 삶에 한 가닥 빛이 되었다. 조르카는 언니에 대해서만큼은 존경심만 품고 있었다. 언니의 모든 동작을 따라 하면서, 언니의 마음에 들려고 애썼으며 언니가 원하는 걸 모두 해주었다. 밀레바가 함께 있으니까 부모나 주변 사람들이 견디는 게 훨씬 수월해진 것처럼 보였다. 평소에는 조르카가 모든 사람들에 대해 적대적인 태도를 보였기 때문이다. 밀레바가 함께 지내는 동안은 고양이들도 보이지 않았다.

밀레바는 자신에 대해 아무런 말도 하지 않았다. 이모들이 밀레바에게 왜 남편과 이혼했느냐고 묻자 이렇게 짧게 대답했을 뿐이다.

"그럴 수밖에 없었어요."

그러자 밀레바의 어머니는 이모를 나무랐다.

"어미인 나도 그것에 대해서는 전혀 묻지 않는데, 왜 네가 나서는 거니?"

밀레바가 함께 있는 동안은 모든 일이 잘 되었다. 그렇지만 결국 밀레바도 집으로 돌아갈 수밖에 없었다. 모든 것은 다시 예전처럼 나빠졌다.

1920년 4월 24일, 아인슈타인은 모리스 솔로빈에게 편지를 쓴다.

밀레바는 잘 지냅니다. 그녀와 이혼을 했습니다. 아이들은 취리히 글로리아슈트라세 59번지에서 밀레뱌와 함께 있습니다. 알베르트는 멋지게 성장했고, 작은애는 유감이지만 좀 병약합니다.

1920년 7월 11일자 리스베트의 일기는 다시 이렇게 말하고 있다.

테테는 뚱뚱하고 조용하다. 밀레바는 테테의 옷을 한 벌 만들었다고 이야기한다. 테테가 예를 들면 선원의 칼라처럼 옷의 어떤 부분에 새로운 유행이 생겼다고 말했기 때문이다. 그 아이는 이제 초등학교 4학년이다.

밀레바는 여전히 자기 옷이나 아이들 옷을 손수 꿰매어 만들었다. 그녀는 낡은 천을 사용하여 모양을 바꾸었다. 생활이 얼마나 곤궁한지에 대해서는 친구들도 알아서는 안 될 일이었다. 아인슈타인이 욕을 먹을 수 있기 때문이었다. 그리고 밀레바의 비참한 삶이 아인슈타인에게 조그마한 오점이 되어서도 안 될 일이었다. 밀레바는 절약하고 부지런히 일함으로써 생활수준을 유지하려고 했다. 건강이 허락하면 음악회와 강연을 찾아다니기도 했다. 건강할 때나 아플 때나 그녀는 많은 책을 읽었다.

또한 리스베트는 1920년 가을에 아이들이 아버지를 방문할 거라고 적고 있다. 부모가 아무리 사랑한다 하더라도 밀레바의 아이들은 종종 혼자서 지내야 했다. 밀레바가 자주 병원에 입원했고, 그러면 아이들은 다른 곳에 보내질 수밖에 없었다. 아이들은 안정된 가정과 미래에 대한 확실한 전망을 갈망했다. 아이들은 아버지의 집을 방문한다는 생각에 무척 기뻐했고, 아버지가 다시 멋진 여행에 데려가기를 바랐다.

9월 27일에 리스베트는 밀레바의 아이들이 여러 잡지들을 묶는 것을 도와주었는데, 이때 아이들은 아버지에 대한 기사를 읽게 된다. 밀레바는 기회가 될 때마다 아이들에게 아버지를 존경하는 마음을 심어주려고 애썼다.

그녀는 아들들과 사이가 좋았고, 육체적으로나 정신적으로 아들들의 성장을 촉진시키려 했고, 아들들이 학교에서 얼마나 발전하고 있는지를 감독했다. 테테는 때때로 어디선가 읽고 알게 된 것을 이용하여 밀레바를 당혹스럽게 만들곤 했다. 이 아이는 모든 걸 알아챘지만, 다른 사람의 도움이 없이는 사실들의 덩어리를 연결시킬 줄 몰랐다. 독자적으로 결론을 끌어내는 능력이 없었기에, 다른 데서 결론을 찾으려 했다. 반면 큰아들 부야는 전적으로 건전한 지성을 이용하여 독자적으로 판단하고 깊이 숙고했다. 부야가 하는 것이나 목표는 명확했고, 한번 결정한 일에는 흔들림이 없었다.

리스베트는 한 메모에서, 자신이 밀레바를 알게 될수록 더욱 좋아하고 존경하게 된다고 적고 있다. 1921년 1월 12일 리스베트와 밀레바는 베를린 출신의 교수 니콜라이의 강연을 함께 듣고 있었다. 니콜라이 교수는 생물학자이면서 유명한 평화주의자였다. 그렇지만 사람들은 강연에서 그 이상을 기대했다. 리스베트의 생각에 따르면, 박수갈채는 열화와 같았지만 그다지 성공적인 강연은 아니었다. 밀레바는 정신질환을 앓고 있는 여동생을 생각하는 것 같았다. 여동생 조르카는 어디서나 살육과 인간 내면에 있는 악을 보았다. 조르카는 동물이 인간보다 훨씬 낫다고 여기는 것 같았다. 동물은 굶주리거나 위험을 느낄 때에만 공격하는데, 인간들은 배가 부르고 잘 지낼 때도 전쟁을 일으키기 때문이다. 밀레바가 노비사드를 방문했을 때 조르카는 고양이에 대한 자신의 헌신을 정당화시키려 애쓰면서, '짐승 같다'는 개념과 '인간적이다'는 개념의 의미가 바뀌어야 할 것이라고 말했다.

그해 겨울에 후르비츠 가족은 밀레바와 많은 시간을 함께 보냈다. 악기 연주를 하고, 읽은 책이나 문학과 세계의 새로운 일들에 대해 이야기를 나누었다. 뜨개질도 함께 했는데, 단연코 밀레바가 가장 뛰어났다. 큰일이든 작은 일이든 밀레바는 한결같이 진지하게 대했다. 여러 다른 일들에 대해서도 똑같이 주의를 기울이고 능력 있게 대처했다. 산책을 하기도 했는데, 밀레바에게 너무 힘들지 않으면서도 겨울의 맛을 느낄 수 있는 길을 선택했다. 눈이 발아래에서 뽀드득 소리를 냈다. 눈이 소복이 쌓인 나무들은 마법 같은 인상을 주었고, 나무들 사이로 푸른 하늘이 보였다.

당시 밀레바의 집에는 카로 박사가 살고 있었다. 1921년 3월 24일 밀레바와 카로 박사는 여성작가 니글리와 함께 후르비츠 집에서 차를 마시고 있었다. 밀레바 옆에는 라이프치히 출신의 크네히트가 자리 잡고 있었다. 한스 알베르트는 훗날 부모의 반대를 무릅쓰고 크네히트와 결혼한다. 크네히트는 한스 알베르트보다 훨씬 나이가 많았다.

테테는 다시 귓병과 두통 때문에 고생을 했다. 밀레바는 테테를 데리고 북해의 푀르에 있는 비크로 갔다. 그곳에 특수 치료시설이 있었지만 치료는 성공하지 못했다. 밀레바는 아들의 뇌에 장해가 있다고 생각했다. 그래서 탁월한 학자가 된 남동생 밀로쉬에게 아들의 병에 대해 털어놓을 수 있으면 좋겠다고 생각했다. 그러나 러시아의 전쟁포로가 된 동생은 돌아오지 못했다.

9월 20일, 밀레바의 집에서 음악 연주가 있었다. 밀레바, 테테, 그리고 그녀의 변호사가 청중이었다. 저녁에 세 사람은 취리히베르크에 있는 플루테른 교회에서 열리는 음악회에 갔다. 이 교회에서는 특히 바흐의 작품이 자주 연주되었다. 때는 놀랍도록 아름다운 가을이었다. 10월 2일에는 함께 산책을 했다. 테테는 아버지로부터 받은 시계를 자랑했다. 하지만 시계는 일요일에만 손에 찰 수 있었다. 밀레바는 테테와 산책을 많이 했고, 숲에 앉아 아들과 잡담하는 것을 좋아했다.

10월 30일 저녁에 사람들이 밀레바의 집으로 왔다. 아인슈타인도 왔는데 친구들이 보고 싶었기 때문이다. 친구들에게 바이올린도 가져오라고 했다. 아인슈타인은 밀레바의 집에서 묵었고, 리스베트가 보기에 아인슈타인이 베를린에 있는 것보다 이곳에 있는 걸 더 좋아하는 것 같았다. 사람들은 독일 화폐의 끔찍한 평가절하에 대해 이야기를 나누었다. 그런데도 아인슈타인은 좋아 보였고 살도 쪘다. 또 바이올린 연주 실력도 여전히 훌륭했다. 러시아에서의 어려운 생활, 미국에서의 개인적인 안정의 결여, 거의 걸어갈 수도 없을 정도로 열광하는 미국 사람들 등에 대해서도 이야기를 나누었다.

밀레바는 아인슈타인의 방문 때문에 흥분했다. 그녀는 아인슈타인이 편하게 머물 수 있도록 모든 걸 배려했다. 하지만 테테에 대해 걱정하는 말은 한마디도 하지 않았다. 아인슈타인도 뭔가 문제가 있다는 것 정도는 알아챘지만 입을 다물었다.

11월 8일, 아인슈타인은 사람들에게 가족과 함께 있음을 전화로 알렸다. 마치 예전에 함께 잘 지내던 때인 것처럼 말이다. 함께 음악을 연주했다. 그때 그는 '아버지처럼' 리스베트의 바이올린에 장단을 맞추었다. 리스베트는 아인슈타인이 밀레바를 다정하게 대하는 것 같아서 마음이 좋았다. 그런데 그게 아니었다. 아인슈타인은 밀레바를 앞에 두고 지금 함께 사는 부인에 대해 기분 좋게 말하고 있는 것이었다. 그는 지금으로서는 취리히에 있는 가족을 부양하는 게 불가능하다고 말했다. 독일 마르크의 가치가 점점 더 떨어지고 있기 때문이라고 했다.

밀레바는 리스베트와 그의 어머니에게서 따뜻한 공감을 느꼈다. 그러나 그들에게도 자신의 속을 터놓고 말하지 않았다. 그들은 밀레바가 어디 출신인지도, 밀레바의 고향에 식구들 중 누가 살고 있는지에 대해서도 몰랐다. 조르카의 병에 대해서도 전혀 몰랐고, 비극적으로 행방불명된 남동생에 대해서도 아는 바가 없었다.

4월 7일에 밀레바가 작별을 고하기 위해 왔다. 얼마 전에 미망인이 된 어머니를 보러 노비사드에 가야 했기 때문이다. 아버지가 2월에 세상을 떠난 것이다. 아버지를 무척 좋아했고 많이 존경했기에 아버지의 죽음은 밀레바를 무척 고통스럽게 했다. 그런데도 그녀는 친구들에게조차 전혀 말하지 않았다. 다만 아버지가 사망해서 고향에 간다고만 언급했다. 그런데 고향집의 불행은 더욱 심했고 복잡했다. 조르카로 인한 불행이 더욱 심해지고 있었다.

아버지는 본보기가 될 정도로 잘 조성한 카치 농장을 처분하고, 대금의 일부를 우선 크고 멋진 난로에 숨겼다. 그 난로는 오늘날까지도 노비사드의 키사취카 20번지에 있는 집에 남아 있다. 그때는 여름이었다. 의도적이었는지 아니었는지는 모르지만, 조르카가 지폐 뭉치에 성냥불을 붙이는 바람에 돈이 몽땅 타버려서 잿더미로 변했다. 아버지가 몹시 놀라 쓰러졌다. 이 선량하고 사교적인 남자는 사람들을 피하기 시작했다. 자기 집에서 벌어진 상황을 비극적인 수치라고 여겼기 때문이다.

노비사드에서 밀레바의 아버지는 높은 명성을 누렸다. 그를 잘 알고 있었던 즈렌야닌 출신의 약사 몰리야치는 이 사람에 대해 다음과 같이 묘사했다.

키가 크고 말랐으며 이목구비가 뚜렷하고 군인다운 절도를 지닌 그 분은 사람들과 무척 잘 지냈고 성격이 명랑했으며 농담도 잘했다. 그는 실크해트 절반 크기의 모자를 쓰고 다녔는데, 이런 모습은 당시 고상하게 보였다. 그는 세르비아 도서관의 간부였는데, 도서관은 그가 매일 오후에 들르는 카페 ‘세 개의 왕관을 위하여’ 옆에 위치했다. 대개는 젊은 군인들이 그를 둘러쌌다. 학교가 방학일 때는 학생들도 그의 주위에 있었다. 그는 유쾌하게

잡담을 했고, 과거에 군사분계선이 있었던 때의 생활에 대해 이
야기를 해주었다.

　　그때는 모든 남자에게 병역의 의무가 있었는데, 그 대가로
국가로부터 무상으로 소금과 담배를 받았고 천이나 구두 같은 생
필품은 할인 가격으로 공급받았다. 이것을 사람들은 ‘샘틀’이라
고 불렀다. 그것은 세르비아의 선조들이 이 땅에 와서 터키에 대
항하여 나라를 지키고 합스부르크 왕가를 위해 싸웠을 때 오스트
리아가 준 특권의 자투리였다.

밀레바 남동생의 동료였던 류보미르-바타 두미치 박사는 밀레
바의 부친이 젊은이들을 약간 ‘위에서 내려다보는 자세로’, 진짜 ‘가
부장적인’ 권위로 대했다고 기억했다. 밀레바의 부친은 설사 부유하
고 야심이 있었다고 하더라도, 완벽하게 존경할 만하고 정확한 사람이
었다고 했다.

　　아들의 생사에 대한 불확실함, 조르카의 병, 밀레바의 이혼 등은
고급 교육을 받은 재능있는 자식들에게 기대가 컸던 아버지에게 깊은
충격을 안겨주었다. 밀레바의 아버지는 1922년 2월 22일 뇌졸중으로
세상을 떠났고 이틀 후에 매장되었다.

행방불명된 남동생 밀로쉬

1916년 11월 15일 밀레바는 밀라노에 있는 친구에게 편지를 쓴다.

내가 침묵한 이유는 여름 내내 몸이 좋지 않았기 때문이야. 병이 난 것은 아니지만 좋은 상태도 아니었어. 오랫동안 작은 부위이긴 하지만 손가락이 곪아서 고생을 했어. 그것 때문에 생활에 무척 지장이 많았거든. 그 다음에는 규칙적으로 찾아오는 건초성 코카타르 때문에 고생했어. 금년에는 무척 심했어.

그리고 테테의 상태도 좋질 못했어. 나는 지금도 테테 때문에 고민이야. 귀가 정상이 아니어서 우리가 해야 할 일이 지금도 많아. 어쩌면 그 애가 청력을 완전히 잃어버릴지도 몰라. 그게 얼마나 큰 걱정거리인지는 상상할 수 있겠지. 방학 동안 테테를 데리고 독일에 있는 바닷가도 가보았지만 별 효과가 없었어. 그곳에 갔을 때만 해도 상황이 무척 나빴어. 적어도 스위스에서 간 우

리가 볼 때 먹을 게 너무 없었고, 그밖에도 모든 게 엉망이 되어
버려서 3주만 그곳에 머물렀어. 여행이 무척 힘들었어. 그 여행
을 통해 푹 쉬었다기보다 오히려 지쳤다고 해야 할 거야.

크고 작은 힘든 일만 계속되고 있어. 그렇지만 마찬가지로
불안했던 내 마음이 이제 차츰 좋아지고 있어. 조금 제 자리로 돌
아왔다고 할 수 있어. 그나마 이렇게 되는 데 내가 신경을 많이
써야 했어. 나는 할 수 있는 한 영웅의 역할을 하고 있어. 그렇지
만 내가 굴복할 수밖에 없는 때가 오고 있어. ……사소한 것이라
하더라도 모든 병은 커다란 장해야.

밀레바는 그 다음에 학창시절의 친구로 알베르트가 '크로아티아
의 미인' 이라고 불렀던 루자 쟈존더에거-샤이에게 편지를 쓴다.

너도 알다시피 에바가 우리 집에서 피아노 과외를 받고 있어. 그
녀는 음악적인 재능이 대단하고 생기발랄해. 나는 그녀가 잘 익
힐 거라고 생각해.

최근에 기쁜 소식을 받았어. 러시아에 간 남동생으로부터
벌써 6년째 아무런 소식도 듣지 못했는데, 엄마의 편지에 의하면
동생이 가능하면 이번 겨울에 돌아온다는 편지를 받았대. 그 소
식이 엄마뿐만 아니라 나에게도 얼마나 큰 기쁨인지 상상할 수

있을 거야.

엄마도 찾아뵙고 너도 보아야겠다는 생각을 수도 없이 많이 했어. 이제 밀로쉬가 돌아오면 나도 갈 거야. 어쩌면 네가 날 방문하는 것에 대해 그 다음에 이야기할 수 있을 거야. 아마도 그렇게 할 수 있을 거야.

1923년 말, 밀레바는 다시 유고슬라비아로 여행을 떠난다. 오랫동안 기다렸던 동생을 함께 맞이하기 위해서였다. 동생이 학창시절에 좋아했던 그대로 모든 게 차려졌다. 모두들 흥분해 있었다. 날마다 새로운 희망과 새로운 실망이 찾아들었다. 밀레바는 이럴 때 어머니에게 자신이 얼마나 필요한지를 알고 있었다.

여러 날이 지나갔지만 밀로쉬는 오지 않았다. 다시는 돌아오지 않은 것이다. 밀로쉬는 마지막으로 가족에게 엽서를 보냈다. 엽서에서 밀로쉬는 결코 유고슬라비아로 돌아가지 않을 것이며, 아내에게 완전한 자유를 돌려주겠다고 쓰고 있다. 나중에 더는 밀로쉬에 대해 듣지 못했다.

어머니가 사망한 후인 1935년에 밀로쉬는 이미 루마니아의 클라우젠부르크에서 사망했다는 확인을 받았다. 이런 확인은 어머니의 유산 때문에 필요했다. 밀로쉬보다 나이가 훨씬 많았던 아내도 이미 세상을 떠난 것 같았다. 그녀에 대해서도 더는 듣지 못했기 때문이다.

앞서 언급한 약사 밀리보예 몰리야치는 밀레바의 동생 밀로쉬에 대해 다음과 같이 기억하고 있다.

밀로쉬 마리치는 1902년 노비사드에 있는 세르비아 정교 김나지움에서 1학년을 마칠 때 대학입학자격시험을 치렀다. 나는 그를 아주 잘 기억하고 있다. 노비사드에 있는 그의 부모님 집이 카사취카 20번지에 있었는데 우리 집도 같은 거리 22번지였으며, 나이 어린 김나지움 학생들은 나이가 많은 학생들을 잘 기억하고 있었기 때문이다.

밀로쉬에 대한 기억은 좀더 강하다. 노비사드에 있는 김나지움에는 최우수 학생 여덟 명을 '검열관'으로 뽑는 관례가 있었다. 그들에게는 단체행동에서 선생들 대신 질서를 유지할 책임이 있었다. 각 학급마다 '검열관'이 한 명씩 배정되어 학급에 대한 책임을 맡았다. 1901/2년의 검열관들은 다음과 같은 학생들이었다.

· 블라디미르 자리치 : 훗날 벨그라드 국립철도 경영진의
　엔지니어.
· 류보미르-바타 두미치 : 벨그라드의 신경과 의사.
· 밀로쉬 마리치 : 제1차 세계대전 때까지는 의사였고, 콜

로스바르 의학과 수석 조교로 일했으며, 동물학과 조직학
을 가르쳤다.

· 시마 마테인 : 의사, 노비 크네제바치의 병원장.
· 미샤 마티치 : 의사, 노비 즈렌야닌의 병원장.
· 파블레 닌코브 : 즈렌야닌의 건축기술자.
· 스베티스라브 스테파노브 : 의사, 치과 전문의.
· 이반 치리치 : 이레네우스회 수사, 철학박사, 노비사드의
주교.

나는 1911/14년에 콜로스바르대학에서 공부했고 그곳에서
밀로쉬 마리치를 만났다. 그는 이스반 아파티 교수가 있는 의학
과에서 수석 조교로서, 동물학과 조직학 강의의 약 열 명의 조교
들 가운데 있었다. 밀로쉬는 당시 조직학자로서 명성을 누리고
있었다. 조직학 연구소와 화학 연구소가 서로 마주보고 있었는
데, 밀로쉬 마리치는 화학적-조직학적 조직 연구 때문에 종종 화
학 연구소에 오곤 했다.

아파티 교수는 조직학에서 인정받은 전문가였다. 조직학은
당시 발전하기 시작한 새로운 학문이었다. 뇌에서 니그리 세포를
구분하는 것에 관한 아피티 교수의 논문에 따르면, 공수병은 이
와 비슷한 다른 세포들과는 달리 현미경을 통해서뿐만 아니라 화

학적 반응을 통해서도 확인할 수 있다고 했다. 이 논문은 1913년 네팔에서 열린 전문가회의에 제출되었다.(공수병에 걸리면 뇌세포에 검고 작은 물체들이 생겨나는데, 이 물체들이 바이러스들의 집합체인지 아니면 그 산물인지에 대해서는 아직 밝혀지지 않았다. 이것의 명칭은 발견자인 이탈리아 사람 니그리의 이름을 따랐다.)

이 연구에서 밀로쉬는 아파티 교수와 함께 일했다. 당시 학생들 가운데서는 다음과 같은 일화가 회자되었다. 아파티 교수는 정치적으로 헝가리 48년당 '코슈트 라요쉬' 의 일원이었다. 이 당은 광신적 애국주의자들의 정당으로 여겨졌다. 아파티는 48년당의 일원으로서 어떻게 세르비아 사람을 수석 조교로 뽑을 수 있느냐는 동료의 물음에 이렇게 답했다.

"학문은 어느 편에 속하지 않고, 나의 당에도 속하지 않소. 학문에서 중요한 것은 똑똑함, 지식, 능력, 근면, 연구에서의 성공 등이오. 이런 점들에서 마리치는 그 어떤 사람보다 탁월하오. 학문에서는 국적보다 학문적인 성과가 더 중요하고, 마리치는 내게 가치 있는 동료라오."

밀로쉬는 열심히 일했고 기분 전환할 시간도 없었다. 그는 재능이 있고 조용하고 은인자중하고 부지런하고 겸손했으며, 늘 명랑하고 붙임성이 있었다. 또한 모국어 외에 헝가리어, 독일어, 프랑스어, 영어를 할 줄 알았다. 그는 프랑스에서도 공부했으며,

1913년에는 프랑스 여자와 결혼했다. 1914년 전쟁에 동원되었고, 1915년 모스크바에서 노비사드에 있는 가족들에게 편지를 써 보냈다. 러시아에서 자원병으로서 살로니키 전선에 온 전쟁포로들의 말에 따르면, 밀로쉬는 볼셰비키 혁명 이전에 모스크바대학에 재직했고 혁명 후에도 그대로 남았으며 조직학 교수가 되었다고 한다. 1934년에 교수인 밀로쉬를 본 마지막 사람들은 노비사드 출신의 옛 제자들이었다.

이웃사람들도 나도 밀로쉬 어머니의 이름을 알지 못했다. 누구나 '마리치 부인'이라고 불렀다. 선함과 고결한 마음의 화신이었던 마리치 부인은 좋은 아내, 어머니, 가정주부의 본보기였고, 많은 사람들에게 존경을 받았다.

밀레바가 1905년 아인슈타인과 함께 노비사드에 머물렀을 때, 내 기억에 따르면 밀레바는 내게 대학입학자격시험 후 취리히에 와서 화학을 공부하라고 권하면서, 화학 공부가 장차 전망이 좋다고 했다. 또 헝가리대학에서 공부하는 것보다 비용이 더 들지 않을 거라고도 했다. 당시 나는 대학입학자격시험과는 너무 거리가 멀었고, 그래서 결정을 내리지 못했다. 밀레바가 알베르트 아인슈타인의 성공 전체에, 그의 학문적인 성공과 명성에 가장 값진 영향을 미친 게 틀림없었다.

한스 알베르트, 조르카와 함께 있는 밀레바.
그녀 뒤쪽에 밀로쉬와 소피야 갈리치가 서 있다.

밀로쉬의 학교동료였던 시마 마테인 박사는 밀로쉬에 대해 이렇게 보고한다.

밀로쉬 마리치를 나는 잘 기억하고 있다. ……그는 중간키에 상당히 여린 신체 구조를 갖고 있었으며, 아이로서뿐 아니라 어른으로서도 멋졌다. ……옷차림은 언제나 멋지고 단정했다. 그는 매우 좋은 동급생이었고 유쾌하게 웃을 줄도 알았다. 그의 이런 모습은 특히 생생하게 기억난다. 그렇지만 학생들의 치기 어린 장난이나 싸움에는 관여하지 않았다.

동료 학생들 모두와도 좋은 관계를 유지했다. 공부를 못하는 학생들을 도와 스스로 답을 끌어낼 수 있게 하기도 했다. 그가 그 어떤 누구와 불편한 관계를 가졌다는 기억은 전혀 없다. 그는 천성적으로 부드러운 사람이었고, 결코 이성을 잃고 논쟁에 휘말리는 법이 없었다. 그런 일이 그에게는 없었다. 우리 모두 그 친구를 좋아했다는 사실을 나는 잘 알고 있다. 대학입학자격시험을 치를 때까지 그랬다. 그 다음에는 각자 자기의 길을 갔다.

비교적 오랜 시간이 흐른 후, 그 친구가 러시아에 갔고 그곳에서 교수로 재직했다는 이야기를 들었다. 나는 그가 어디에서 박사학위를 했는지조차 모른다. 다시 한번 말하건대, 나는 그 친구를 아주 잘 기억하고 있고, 그는 학창시절에 나의 가까운 친구였다. 그가 장차 뭔가 될 것이며, 유명한 학자의 명성을 얻은 누나 밀레바처럼 학문이나 인생에서 성공할 것임을 사람들은 어떤 식으로든 예감했다.

류보미르—바타 두미치 박사는 자신이 밀로쉬와 아주 가까이 지냈다고 이야기한다. 그는 밀로쉬의 동급생이었고, 날마다 그의 집에 들렀으며, 두 사람은 심지어 '의형제'가 되었다. 두 사람은 클라우젠부르크에서 대학을 다녔고, 제1차 세계대전이 그들을 갈라놓을 때까지 대학에서도 함께 많은 시간을 보냈다. 헤어진 다음 처음에는 서로 편지를 주고받았지만, 그후 밀로쉬가 러시아에서 포로로 잡히게 되었다.

두미치는 자신의 의형제가 무척 재능이 많았다고 했다. 자신이 쩔쩔매는 문제를 밀로쉬는 항상 훌륭하게 해결해주었다. 밀로쉬는 탁월한 수학자였고, 여러 언어를 믿기 어려울 정도로 쉽게 그리고 빨리 익혔다. 그는 사교적이었지만 조용하고 참을성이 많은 친구였다. 매우 특이하게도 그 친구는 사람들이 하는 말을 전부 성스럽다고 여겼다. 사람들과 교제할 때는 아주 예의가 바르고 겸손하기까지 했다. 감정이 들끓는 격앙된 순간에도 그는 자제할 줄 알았다. 돈에 대해서는 큰 관심이 없었다. 대학에 다니는 동안 순전히 학문적인 길을 가겠다는 결정을 이미 내린 상태였다.

두미치 박사도 밀로쉬가 어디서 박사학위를 했는지에 대해서는 알지 못했다. 다만 밀로쉬가 클라우젠부르크에서 대학 공부를 시작했고, 나중에 스위스에서 공부했다는 사실만 알 뿐이었다. 그렇지만 그는 밀로쉬가 부다페스트에서 박사학위과정을 했으며, 특히 조직학에서 지식 때문에 교수들을 당혹하게 만들었다고 생각한다. 밀로쉬가 클라우젠부르크로 온 것은 1907/8년이었고, 금세 대학의 조교가 되었다.

밀레바의 숙모 딸인 소피야 갈리치-골루보비치의 기억에 따르면, 밀로쉬와 밀레바는 함께 산책을 많이 하면서 의학과 수학, 그리고 철학에 대해 이야기를 나누었다고 한다. 그녀는 두 사람에 대해 이렇게 말한다.

"그들이 이야기하는 것을 나는 이해하지 못했어요. 그들의 대화에 함께 하지 못했기 때문이에요."

남매의 대화는 대단히 가치가 있었을 게 틀림없다. 두 남매가 지적으로도 수준이 대단히 높았으며, 삶의 동일한 문제에 같이 관심을 갖고 있었기 때문이다.

편집자의 추언

취리히 연방공과대학 도서관에 재직하는 하인츠 루츠토르프 박사가 편집자에게 밀로쉬 마리치의 그 이후 운명에 대한 다음의 자료들을 사용할 수 있게 해주었다. 그 자료들은 모스크바에 살고 있는 과학자 보리스 야벨로프 박사의 1986년 10월 17일자 편지에서 발췌한 것이다. 이 편지는 야벨로프 박사가 마리치의 옛 제자로부터 받은 자료들을 담고 있으며, 야벨로프 박사가 허락함으로써 루츠토르프 박사의 번역으로 여기에 싣게 되었다.

밀로쉬 마리치(1885~1944)는 제1차 세계대전이 시작될 때 오스트리아-헝가리 군대에 의해 전시 복무에 소집되었고, 한 대대의 군의관 직분을 맡게 되었다. 1914년에 부상자들을 이송하고 전사자들을 중립지대로부터 치우다가 러시아 군대의 포로가 되었다.

1915년 슬라브 사람이자 의사인 밀로쉬에게는 러시아의 의료시설을 둘러보고 나중에 그 시설들에서 일하는 것마저 허용되었다. 밀로쉬 마리치는 모스크바 의학연구소로 파견되었고, 레포르토퍼(모스크바의 시구역 이름-옮긴이) 병원에서 일하기 시작했다. 그는 이와 동시에 조직학 교수를 찾아보았다. 이때 유명한 러시아 조직학자 카르포프와 알게 되었으며 곧 친구가 되었다.

1917년, 카르포프는 예카테리노스라프(오늘날의 드네프로페트로프스크-옮긴이)로 자리를 옮겼다. 그곳에서 의학연구소 건립에 참여하고 조직학 교수직을 수행하기 위해서였다. 카르포프의 초청으로 마리치가 동행했고, 예카테리노스라프 의학연구소에서 병리해부과장직을 맡게 된다. 1925년 카르포프가 모스크바로 돌아가자 마리치가 그의 교수직을 넘겨받았다. 1928년 마리치는 교수의 칭호를 받게 된다. 교수직을 1930년까지 하다가, 사라토프 의학연구소의 조직학 교수직 채용공고에 응시하고 임용된다. 조직학 교수직을 마리치는 죽을 때까지 유지한다. 이때 그는 사라토프 동물사육술 및 수의학 연구소의 조직학 교수직도 동시에 수행했다.

사라토프에서 마리치가 주로 행한 연구는 간접 핵분열과 직접 핵분열 사이의 연관성에 관한 것이었다. 뿐만 아니라 소위 다세포 핵들의 현상과 특질에 관한 연구도 중요했다. 제2차 세계대전의 발발로 마리치의 연구들은 중단되었다. 동료와 학생들은 마리치를 존경했다. 마리치가 지닌 기초가 탄탄한 학문적인 지식, 엄청난 박식함, 이례적일 정도로 좋은 기억력 때문이기도 했지만, 복잡한 사태를 간결하고도 간단하게 설명해낼 수 있는 능력 때문이기도 했다. 바깥세상이 돌아가는 양상에 대해서는 생각을 드러내지 않았고 말을 아꼈지만, 그 배후에는 선한 인간과 스승의 정신이 숨겨져 있었다.

취리히의 후텐슈트라세에 있는 집을 방문했을 때의 알베르트 아인슈타인(1929?)

1929년, 변함없는 사랑

친구 밀라나가 취리히로 오라는 밀레바의 초대에 응할 수 없게 되자, 밀레바는 이제 막 대학입학자격시험을 치르고 대학에서 공부를 시작한 밀라나의 딸 밀리챠 스테파노비치를 초대한다. 밀레바는 부활절 방학을 사비치 집에서 보냈던 것에 대한 답례였다.

밀리챠는 1929년 7월에 취리히에 있는 '미차 이모' 집에 갔다. 밀레바는 이 어린 소녀가 스위스의 아름다움을 가능한 한 많이 볼 수 있도록 일정을 짰다. 밀리챠의 엄마와 함께 한 학창시절의 유쾌한 기억들이 남아 있는 길들을 밀리챠를 데리고 돌아다녔다. 밀레바와 밀라나가 한때 살았던 플라텐슈트라세 50번지에 있는 집도 보여주었다. 밀리챠와 테테를 데리고 테신에 있는 아이롤로에 갔다. 멋진 주변을 돌아다녔다. 돌리 로젠도르프도 그들과 함께 했다. 그녀는 이어서 취리히 시오니즘 회의에 참여했다. 취리히로 돌아오자, 한스 알베르트도 아내 프리들 크네히트와 아이를 데리고 왔다. 밀리챠는 한스가 좋은 의미에서 객관적이고 현실적이며, 이목구비는 아버지를 닮았지만 몸동작 하나하나에 이르기까지 주로 어머니를 닮았다고 느꼈다.

한스 알베르트가 가족과 함께 떠난 지 며칠 후, 아인슈타인이 시오니즘 회의에 참석하러 왔다. 아인슈타인은 이 회의의 부의장이었다. 의장은 훗날 이스라엘의 대통령이 되는 바이츠만이었다. 이 회의는 1929년 8월 6일에 시작되었다.

아인슈타인은 이 기회를 이용하여 아들들을 방문했다. 왜 왔느냐는 작은아들 에두아르트의 물음에 유대인 회의에 참석하고 있다고 이야기하며 이렇게 덧붙였다.

"나는 유대의 성인이란다."

아인슈타인은 밀레바를 방문했다. 취리히베르크에 있는 그랑 호텔 돌더에 여장을 푼 것 같았는데, '전처 집에 묵고 있다'고 말함으로써 존 시몬 부부를 놀라게 했다. 그는 학창시절 처음으로 '까치 담배'를 샀던 상점들도 돌아다녔다. 자기가 가는 것을 사전에 알리지 않은 채, 전차를 타고 옛날의 하숙집 주인인 마르크발더 부인에게도 갔다. '위대한 사람인 척' 하기 싫었기 때문이다.

알베르트는 밀레바의 집에 묵었는데, 마치 완전히 제 집에 있는 것 같았다. 아침마다 식사 전에 옷소매를 걷어 올리고 피아노로 즉흥 연주를 하곤 했다. 밀레바는 키가 작은 금발의 밀라나를 기억하느냐고 묻고 밀라나의 딸 밀리챠를 소개했다. 그러고서 밀리챠는 테테와 함께 드뷔시의 작품을 연주했다.

밀레바의 흥분을 느낄 수 있었지만, 예전에 부부였던 두 사람의 거동은 완전히 자연스러웠다. 점심식사 후에는 테테와 잡담을 하곤 했다. 아버지가 조용히 앉아 있는 동안 테테는 계속 왔다갔다 하면서 지나칠 정도로 활발하게 이야기를 했다.

테테의 방은 그 집에서 가장 아름다운 곳이었다. 도시와 호수와 위틸베르크 산을 볼 수 있었고, 책이 풍부한 훌륭한 서가도 갖추고 있었다. 테테는 끊임없이 책을 읽었고 격언들을 썼다. 밀리챠와 탁구도 쳤다. 테테의 뛰어난 음악적 재능은 양쪽 부모로부터 물려받은 것 같았다. 테테는 아름답고 사랑스런 젊은이였는데, 다만 약간 신경질적이었다. 이런 면은 어머니의 법칙성이나 아버지의 조용함과는 아주 대조적이었다.

밀레바는 포동포동했고 키가 상당히 작았으며 갈색 피부였고 못생겼지만, 내적으로 풍요로운 인간들에게서 나타나는 것처럼 예기치 않게 아름다움이 감동적으로 빛나게 할 줄 알았다. 그녀의 품성은 전반적으로 커다란 삶의 경험이나 크고 작은 모든 것에 대한 독창적인 이해를 보여주었다.

어느 날 외출에서 돌아온 밀리챠는 자신의 흰색 블라우스가 세탁은 물론 다림질까지 되어 있음을 발견한다. 물론 미차 이모가 한 일이

취리히에 있는 집의 발코니에서 밀레바가 두 아들, 며느리와 함께 찍은 사진

었다. 그녀를 깜짝 놀라게 해줄 요량이었다. 아인슈타인이 떠나자 밀레바는 밀리챠에게 지난 며칠 동안의 인상을 적지 말아달라고 부탁했다. 밀리챠는 많은 일들을 아주 잘 기억했지만 이 약속을 잘 지켰다.

밀레바는 아무에게도 자신의 가정생활이나 감정들에 대해 말하지 않았다. 우리가 밀레바에 대해 알고 있는 것은 외적인 사실들로, 대부분 어떤 사건으로부터 끌어낼 수 있는 결론을 근거로 하고 있다. 그녀 자신이 말한 내용들에 근거하는 경우는 극히 드물다. 밀레바는 사람들이 자신에 대해 이야기하는 것을 싫어했고, 특히 공개적으로 말하는 것을 가장 좋아하지 않았다. 할 수 있는 한 자신의 존재가 드러나지 못하게 했다. 밀레바가 바란 것은 거의 주목받지 않는 빛의 그림자처럼 인생을 지나가는 것이었다. 그 빛이 빛난 데에는 그녀가 기여한 바가 무척 컸다.

아인슈타인이 밀레바의 집에 머문 시간 내내, 공식적으로 이혼한 지 10년이 지났는데도 아늑한 가정의 분위기가 유지되었다. 그는 무척 정중했고 자신의 기분이 좋다는 것을 숨기지 않았다. 흥분 상태에 있는 밀레바는 정신적인 우아함이 넘쳤고, 재치 있게 말하고 농담도 했다. 그녀의 얼굴은 속에 있는 불이 비치는 것처럼 환했고, 햇빛에게만 몸을 내주는 꽃처럼 아름다웠다.

밀레바는 아인슈타인이 일찍이 후르비츠에게 말했듯이 정말로 무척 특이한 여자였다. 속을 드러내지 않고 말이 없었지만, 그럼에도 친절하고 다정했으며 어느 면에서나 자연스럽고 억지가 없었다. 통상적인 의미에서 보면 선하지도 악하지도 않았다. 그녀의 윤리는 수준이 높았으며 사실과 일치했다. 그것은 받는 자보다 주는 자를 더 만족시킨다는 식의 진부한 선행으로 표현되지 않았다. 그녀의 윤리는 유례없는 자기 부정의 모습으로 나타났다. 밀레바는 아주 겸손하게 자신의 업적을 숨겼고 드러내 자랑하는 법이 없었다.

인생의 끝자락에서 밀레바는 자신의 보상받지 못한 희생과 작업에 대해 씁쓸한 어투로 글을 썼지만, 후회하는 빛은 없었다. 과거에는 연구에서 자신이 도달한 해결에 대한 기쁨을, 이미 언급한 친척 데사나 타파비카에게 보낸 편지들에서 털어놓기도 했다. 그러나 데사나가 수학적인 문제들에 대해 전혀 문외한이었기 때문에 데사나에게 자신의 능력을 자랑하려고 이야기한 것은 아니었다. 오히려 자기의 성공에 대해 데사나도 기뻐할 거라고 생각했기 때문이라고 할 수 있다.

병든 아들

1929년 테테는 대학입학자격시험을 치렀다. 밀리챠에게 보낸 엽서에서 테테는 수험생의 혹사당한 뇌가 어떤 모습인지 재치 있게 묘사했다. 그런데 시험을 치른 후 테테의 병은 그 증상을 점점 더 분명히 드러내게 된다. 테테는 멋진 방의 벽들을 포르노 사진들로 도배하다시피 하여 어머니를 경악하게 만들었다. 책들에 대한 열정이 여자들에 대한 엄청난 관심으로 바뀌었다. 이 증세가 너무 심해지는 바람에 어머니는 한시도 아들에게서 눈을 뗄 수가 없었다.

비바람이 몰아치는 불안한 낮이 지난 어느 날 밤, 밀레바는 4층에 있는 아들의 잠긴 방에서 소란이 일고 절망적인 외침이 터져 나오는 것을 들었다. 방에 들여보내 달라고 간청해도 소용이 없는 상황이었다. 테테는 옷을 찢고 제 정신이 아닌 상태에서, 이 고통을 끝장내겠다고 선언했다. 창문은 활짝 열려 있었다.

키가 작고 여린 여자인 밀레바는 초인적인 힘을 발휘하여, 힘세고 매우 빠른 젊은 아들 테테를 만류하였다. 그러자 테테의 분노가 밀레바에게 향했다. 테테는 닥치는 대로 손에 잡히는 것을 어머니에게 던지고 어머니의 목까지 졸랐다. 밀레바가 의사를 불렀다. 물론 아들을 위해서였다. 힘세고 이성적이며 이런 상황에 익숙한 간호인이 왔다.

이 불행한 청년은 부르크횔츨리 요양소로 보내졌다. 밀레바는 곧장 베를린으로 떠났다. 연구소에 있는 아인슈타인을 찾아보기 위해서였다. 그곳에서 아인슈타인이 시청에 있다는 말을 들었다. 있는 힘을 다해 간신히 그곳에 도착한 밀레바는 입구에서 엄청나게 많은 사람들과 부딪혔다. 아인슈타인의 의붓딸이자 양녀인 마르고트가 언론인 디미트리 마리아노프와 결혼식을 올린 것이었다. 이 사람은 밀레바를 본 적이 없었다. 그런데 결혼식 참석자들이 계단을 내려갈 때 어떤 부인이 난간을 꽉 붙들고 있는 것이 보였다. 그 여자의 눈길이 마치 불이라도 난 듯 그렇게 강렬하지만 않았어도 마리아노프의 눈에 띄지 않았을 것이다. 마르고트가 속삭이듯 남편에게 말했다.

"저 사람, 밀레바예요."

마리아노프는 밀레바의 크고 검은 눈에서 솟구치는 불길만 보았다. 밀레바는 자기 주위를 전혀 둘러보지 않았다. 그녀는 엘자 딸의 인생에서 축제와 같은 시간에 방해가 되지 않기 위해 절망감을 누르느라 애썼다. 마르고트는 밀레바의 노려보는 눈길이 지니는 의미를 알 수도, 목에 난 졸린 흔적을 볼 수도 없었다. 밀레바는 여기 모인 사람들

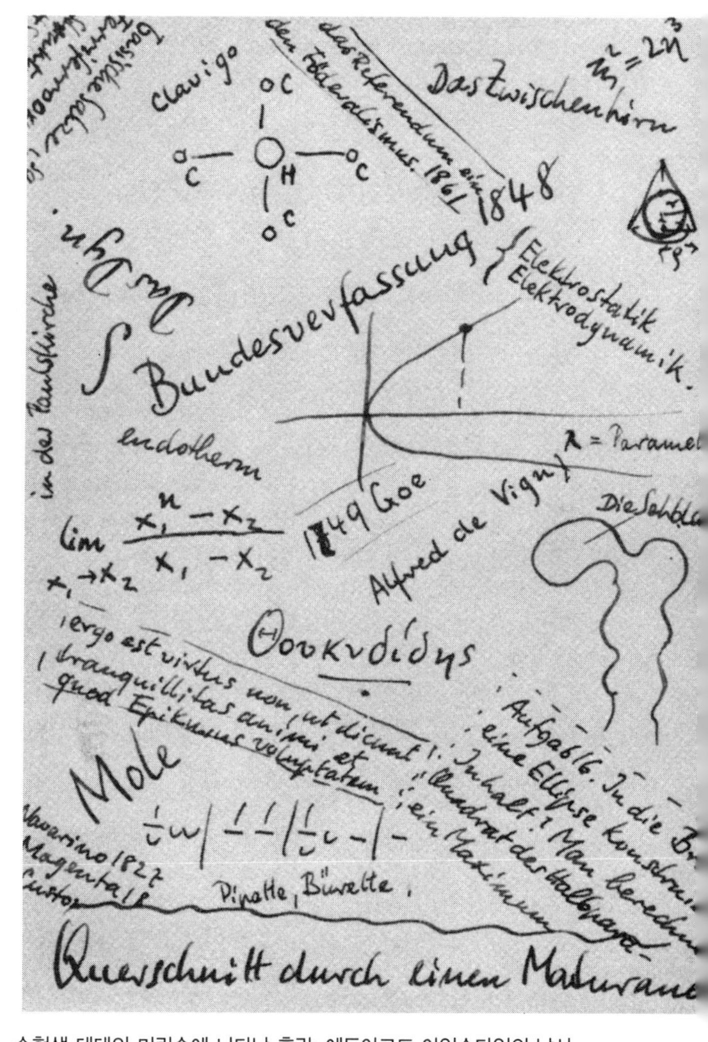

수험생 테테의 머릿속에 나타난 혼란, 에두아르트 아인슈타인의 낙서

이 자기에게 그렇게 나쁜 짓을 많이 했는데도, 그들의 평화를 존중하느라 거의 초인적인 자제력을 발휘했다. 남의 이목을 끄는 결혼식 광경에 도취된 듯 보이는 사람들 속에서 밀레바는 테테의 끔찍한 병에 대한 확신에 몸서리치며 완전히 혼자였다.

마리아노프는 아인슈타인에 대한 전기에서, 당시 밀레바가 베를린에 나타난 이유를 전혀 몰랐다고 말한다. 아인슈타인이 밀레바를 보았는지 아닌지에 대해서도 몰랐다고 했다. 어쨌든 아인슈타인은 밀레바의 곁을 지나쳤다. 밀레바가 있음을 알아채지 못한 것 같았다. 밀레바는 아인슈타인이 사람들의 열화와 같은 환호를 받으며 시청을 떠나간 뒤에도 난간을 꽉 붙들고 있었다.

그러나 그 날이 지나기 전에 밀레바는 아인슈타인을 만났다. 그런데 아인슈타인은 베를린에 밀레바가 나타났다는 사실과 그녀와 무슨 이야기를 주고받았는지에 대해서는 전혀 언급하지 않았다. 두 사람이 당시 무슨 이야기를 했는지 아무도 알지 못했다. 밀레바는 혼자 취리히로, 황폐해진 집으로 돌아왔다.

벨그라드에 있는 친구 밀라나에게 밀레바는 날짜가 적히지 않은 편지에서 상황을 그 어느 때보다 상세히 알렸다.

밀라나에게

모든 일이 제대로 진행된다면, 네가 나의 소식을 그렇게 오랫동안 기다리지 않았겠지. 적어도 너의 두번째 편지에는 답장을 했을 거야. 너의 첫번째 편지를 받았을 때의 상황은 네가 생각하는 대로였어.

테테는 2주 이상 이탈리아에 있었고, 나는 베른의 친지 카바 부인 집에 있었어. 그 다음에 집에 오자 우리 둘 다 할 일이 많았어. 테테는 학기가 곧장 시작되었는데, 스트레스가 엄청 많았어. 테테가 괜찮을까 하고 처음부터 걱정이 많았어. 그런데 뭘 생각하고 말할 수 있겠니. 여름이 되자 테테는 벌써 너무 피곤해했고 제대로 휴식을 취하지도 못했어. 그래서 모든 일이 쌓이더니 너무 많아져서 더는 계속할 수 없을 정도가 되었어.

12월 중순에 테테는 몹시 앓았어. 근심과 걱정이 얼마나 컸는지에 대해서는 너에게도 어떻게 말로 다 할 수가 없어. 지금은 상황이 조금 나아지고 있어. 하지만 여전히 그 애에게 주의를 기울이고 돌보아야 해. 이런 사정 때문에 너에게 오랫동안 소식을 전할 수 없었다는 걸 이해하겠지? 테테가 늘 누워 있지 않다 하더라도 오래전부터 그 애의 상태가 좋지 않았거든. 그래서 편지를 쓸 마음의 여유나 짬을 낼 수가 없었어. 테테의 문제는 어떤 신체기관의 이상 때문이 아니라 신경질환적인 장해야. 그리고 증상은 점점 더 심해지고 있어. 어떻게 도와야 할지 도통 모르겠거든. 그 사이에 약간 좋아지고 있긴 하지만, 모든 게 정상이 되려면 아직 더 고생해야 하고 많이 돌봐주어야 해.

　이것이 테테가 밀리챠에게 편지를 쓰지 못한 이유이기도 해. 밀리챠가 우리를 너그럽게 용서해주길. 우리는 밀리챠를 결코 잊지 않았어. 편지를 쓸 분위기가 아니었던 것뿐이야. 너희가 우리에게 보내준 것 전부 잘 받았고, 무척 고맙게 생각해. 메스트로비치는 테테의 마음에 무척 들었어.

　네 건강에 대한 하소연을 들으니 마음이 좋질 않아. 우리가 같은 문제로 괴로워하고 있다고 확신해. 청춘은 지나가고, 우리는 모두 충분히 괴로움을 겪은 불행한 세대에 속해. 개인적으로는 아닐지라도, 가령 전쟁 때문에 힘들었잖아. 그리고 그 후유증은 여전히 있고. 그렇게 크고 힘센 류쟈조차 많은 일들 때문에 힘들어하고 있는데, 나에 대해서는 전혀 말할 게 없어. 이게 너에게 위로가 될 수 있을지.

　네가 우리에게 보내준 것을 생각해보니, 네가 무척 친절하다는 생각이 들어. 그것들은 이곳에서 대단히 맛있는 것에 속하고 값도 무척 비싸. 우리에게 아주 특별한 것이었어. 그렇지만 독일 사람들이 말하는 것처럼 네가 너무 수고를 많이 하고 너를 번거롭게 한 것 같아 염려가 돼. 이곳에서는 소포를 전부 집으로 배달해줘. 세관에 갈 필요가 없어. 집에서 비용을 지불하면 돼. 그래서 물건을 받는 게 아주 간단해. 너희도 같은 방식인지 모르겠네. 네가 수고를 너무 많이 하지 않았으면 해. 우리에게 뭔가 보내려면 네 시간이 맞을 때, 그러니까 1월 중순경에 했으면 해. 그때까지는 테테가 아로사에 있거든.

너희 가족 모두에게 안부를 전해주기 바래. 너희 어머니가 보내주신 작은 식탁보는 이곳에 있는 사람들을 모두 감탄하게 만들었어. 너희 어머니께 특히 감사하게 생각해. 밀리챠가 우리에게 때때로 소식을 주었으면 좋겠다. 우리가 잠시 동안 편지를 제대로 쓰지 못하더라도, 밀리챠의 소식을 들으면 언제나 무척 기쁘거든. ……헬레네에게도 안부를 전해주고, 테테가 아직 많이 아프다고 말해줘. 내가 헬레네에게 편지를 쓸 수 있을지 모르겠어. 하지만 그녀에게 새해에 행운이 있기를…….

아들의 상태가 좋지 않다는 것을 아인슈타인도 일찍이 알아챘다. 병적일 정도로 눈물샘을 자극하는 편지를 보낸 후 아버지에 대한 테테의 열렬한 사랑은 노골적인 증오로 바뀌었다.

1930년 초여름, 아인슈타인은 아들로부터 무척 심한 비난이 깃든 복수심에 불타는 편지를 한 통 받았다. 그것은 병자의 열에 들뜬 고백의 글이었다. 그러고는 더욱 심한 편지가 날아왔다. 이 편지에서 테테는 아버지의 그림자가 자신을 돌덩어리보다 더욱 심하게 압박하여 파멸시키고 있다고 비난했다. 그리고 아버지를 증오한다고 노골적으

후텐슈트라세 62번지 집의 베란다에 있는 에두아르트 아인슈타인(1929년 7월)

로 밝혔다.

아인슈타인은 정신이 혼란스러워 취리히로 왔다. 그는 절망하면서도 조용히 정신을 차리고 있는 밀레바를 만났다. 에두아르트에게서 나타나는 이런 난폭함이 어떻게 생긴 것인지 아무도 몰랐다. 아인슈타인이 도착한 후 테테는 아버지에게 다정하고 친절하게 대하다가 갑자기 돌변하여 극도로 거친 태도를 보이곤 했다. 자신의 정신이 약해지고 있음을 스스로 알아챘지만, 그 책임을 아버지 탓으로 돌렸다.

테테는 의학을 공부했다. 하지만 간호인이 늘 강의에 따라다녀야 했다. 테테는 열심히 공부했고, 모든 내용을 이해하는 데 뛰어났다. 처음에는 자신이 겪는 고통의 진행을 의학적인 통찰로 따라갔다. 의사들이 공동 진찰에서 테테의 고통에 대한 증상을 놓고 협의할 때, 그는 의사들이 고려하지 못한 변화들을 아주 분명하게 지적해주었다.

아인슈타인의 베를린 가족들은 이 질병이 모계 쪽 유산이라는 견해를 밝혔다. 이런 견해가 얼마나 정당한지는 결정하기 어렵다. 부모 양쪽으로부터 받는 영향들이 정신의 가장 어두운 심연에서 결합되고 밀접하게 엮여 화해할 수 없을 정도로 대립되지 않았겠는가? 테테 스스로도 아버지를 닮기 위해 짊어지려 한 모든 짐에 눌려 쓰러졌다고 느꼈다.

아인슈타인은 첫번째 결혼 생활에 대해 아무에게도 더는 말하지 않았다. 마치 자신의 집처럼 밀레바의 집을 방문했지만, 그 횟수가 갈

수록 줄었다. 베를린의 집 가정부 헤르타의 기억에 따르면, 밀레바도 베를린으로 아인슈타인을 보러 몇 번 갔었다고 한다.

"그러나 내 기억으로는 두 아들을 데리고 오지는 않았어요. 게다가 밀레바는 할버란트슈트라세에 있는 아인슈타인 교수님 집에 묵지 않았고, 교수님을 방문할 때에만 그곳으로 왔어요. 그러면 교수님은 밀레바와 함께 서재에 앉아 친절하게 이야기를 나누었어요. 거의 두 시간 정도를요. 교수님의 사모님도 그 자리에 함께 있었어요."

시청의 호적 사무소를 떠날 때 밀레바를 보았던 아인슈타인의 사위는 밀레바에 대해 이렇게 묘사한다.

중간키에 이글이글 타는 깊은 눈을 하고 있었고 얼굴 표정은 엄격했으며 석고 가면처럼 굳어 있었는데, 알베르트를 유혹할 만한 기미는 없었다. 알베르트가 언급을 피하는 첫번째 결혼은 세 가지 이유 때문에 끝이 났다.

첫째, 아인슈타인이 여자 동료들과 자주 어울렸다. 둘째, 밀레바도 수학자였다. 셋째, 아인슈타인에게는 정돈된 생활에 대한 욕구가 있는 반면, 일상에 대한 걱정으로부터 해방되고 싶은 욕구도 있었다.

세번째 논거는, 이 사위 역시 아인슈타인처럼 베를린 주변 환경의 영향을 받고 있었다는 것의 결과로 볼 수 있다. 그곳에서는 책임 의식 없이, 비극적으로 오해받은 위대한 여자의 삶과 운명에 대해서도 냉소적으로 판단을 내리곤 했다.

그곳에 있는 사람들은 밀레바의 위대함을 볼 줄 몰랐다. 자신에 대한 고집스런 엄격함, 한 남자의 위대함에 도움이 되고자 자신의 모든 야심을 조용하면서도 열정적으로 희생하는 태도 등을 제대로 볼 줄 몰랐다. 밀레바는 아인슈타인에게 '자기 방식대로' 충실하겠다는 약속을 결코 하지 않았는데도, 아인슈타인의 명성을 언제나 충실하게 보호했고 그가 성공할 때마다 사심 없이 기뻐했다.

제2 고향의 관습에 완전히 적응했다는 것도 밀레바의 의식적이고도 엄격한 자기 훈육의 결과였다. 그녀는 그곳에서의 생활을 쾌적하다고 느꼈다. 스위스 현모양처의 본보기가 되었고, 가정살림에서 부딪히는 여러 문제들도 잘 해결할 줄 알았다.

옛 친구 루쟈 존더에거-샤이의 딸인 에바 마일리는, 어디에서도 미차 아줌마 집에서 먹는 '베를리너' 보다 맛있는 도너츠는 못 보았다고 기억한다. 그 집에서는 화초를 길렀고, 스위스에서 가장 아름다운 선인장들 중 하나가 있었다. 밀레바는 자신이 알고 있는 생물학적인 지식들을 되살려, 집이나 대학의 식물원에서 도태나 다른 주제들에 몰두했다. 이런 연구는 밀레바의 기분 전환에 도움이 되었다.

반면 불행한 아들에 대한 걱정은 언제나 중요한 문제였다. 작은 아들 테테는 가끔씩 부르크횔츨리 요양소에서 치료를 받았다. 집에 있을 때에는 어머니의 감시를 받았다. 밀레바는 무척 힘들었지만 자기 주변을 평온하게 만들었다.

"그녀 곁에 있으면 조화로운 평온함을 느껴요."

이것은 밀레바를 알고 있는 여성화가 보사 발리치-요밧챠치가 한 말이다.

1930년, 밀레바는 밀라나의 손님으로 벨그라드에 머물렀다. 이때 보사는 밀레바에게 오크리드의 귀중한 옛날 의상을 보여주었다. 밀레바는 그런 것을 구해달라고 부탁하면서 보사를 취리히로 초대했다. 같은 해에 보사는 이 부탁을 들어주었고, 파리로 여행을 가면서 며칠간 밀레바 집에 묵었다. 보사는 테테의 병에 대해서는 전혀 몰랐다. 그런데도 테테의 상태가 심각하다는 것을 알아챘다. 테테가 사소한 일들에도 개인적인 모욕으로 여기고 격하게 반응했기 때문이다.

어느 날 테테가 기이한 형태의 새 모자를 쓰고 집으로 들어섰을 때 보사는 별 악의 없이 웃었다. 그러자 분노의 발작이 일어났다. 밀레바가 테테를 진정시켰다. 보사는 어머니 밀레바가 아들의 모든 대화, 모든 동작, 모든 시선에 얼마나 신경을 썼는지를 기억하고 있다.

"한번은 내가 테테와 함께 방에 앉아 있었는데, 내 방 쪽으로 난 문이 열려 있었어요. 그곳에 커다란 리본이 달린 나의 새 슬리퍼가 있는 게 보였어요. 밀레바는 부엌에 있었는데, 문이 열려 있어서 테테를 관찰할 수 있었죠. 밀레바는 아들이 슬리퍼로부터 시선을 떼지 못하고 계속해서 발작적으로 슬리퍼를 노려보고 있음을 눈치 챘어요. 밀레바는 우리의 시선을 다른 것에 돌리고 내 방 쪽의 문을 닫았어요.”

아인슈타인의 송금이 부정기적이었기 때문에, 밀레바는 당시 김나지움 상급반에서 물리학을 가르쳤다. 그녀는 보사에게 에발트 벤더의 작품 《페르디난트 호들러의 인생》에 헌사를 적어 선물했다. 보사는 이 책을 잘 간직했다.

“(이 책은) 내가 밀레바 아인슈타인과 함께 보낸 시간에 대한 가장 사랑스런 기억이다. 그녀는 아주 특이하고 훌륭한 부인이었다.”

밀레바가 공개적으로 인정받는 것을 꺼렸고 너무 과묵하여 평생에 걸친 자신의 연구와 노력을 알아주는 사람이 없었지만, 세심한 관찰자들은 그녀의 개성을 놓치지 않았다. 물론 그녀의 인성 면면을 말로 다 파악할 수는 없다. 또 밀레바가 천성적으로 말이 없었기 때문에 이것은 더욱 어렵다. 하지만 밀레바의 내면생활이 풍요롭고 강하다는 것만큼은 느낄 수 있었다. 어떤 사람이 하필이면 그런 길을 택하여 온갖 체험을 하면서 행복하거나 불행하게 되는 이유를 물으면 대답할 말이 없다. 이는 다른 사건들이 생긴다면 어떤 결론이 나올지 확신할 수 없는 것과 같다.

이미 밀레바와 아인슈타인이 서로 가까워지기 시작할 때부터 두

세계는 계속 충돌하였다. 그 결과 나중에 친밀한 삶의 공동체를 고통 스럽지만 깨뜨릴 수밖에 없었다.

베를린에 있는 아인슈타인의 새 가정은 방해받지 않고 일에 몰두 할 수 있는 가장 이상적인 가능성은 물론이고 혈연들이 가까이 있다는 느낌도 주었다. 그렇지만 이 모든 게 있다 해도 베른에서의 비약을 경 신하진 못했다. 필립 프랑크는 《아인슈타인, 삶과 시대》에서 이렇게 말한다.

"엘자 부인은 밀레바 마리치가 취리히에서 했던 것처럼, 아인슈 타인과 함께 위대한 물리학자의 작품들을 공부할 수 없었다."

1920년 4월 7일, 아인슈타인은 친구 파울 에렌페스트에게 편지 를 쓴다.

나는 상대성이론에 대해 완전한 자신감을 가지고 있네. 오류의 근원이 전부 제거되면(지상의 광원) 결과가 제대로 나올 거야. 일 반상대성이론에서 나는 한 발도 더 나아가지 못했어. 전기장은 여전히 연결되지 않은 상태야. 일치가 이루어지지 않고 있어. 전 자 문제에서도 나는 아무것도 밝혀내지 못했어. 딱딱하게 굳은 내 뇌에 문제가 있는 건가, 아니면 구원의 아이디어가 정말 너무 멀리 있는 것인가?

……나는 카라마조프 형제들을 감탄하며 읽고 있네. 내가

손에 잡았던 책들 중에서 가장 놀라운 책이야. ……여기에서는
외면적으로 다시 평온함이 찾아들었어. 그러나 끔찍하게 날카로
운 대립들이 벌어지고 있어. ……정치적으로 어디를 향해 나아가
야 할지 아무도 몰라. 국가는 극단적인 무기력 상태에 빠지고 말
았어. 국가 곁에는 군도(軍刀), 돈, 극단적인 사회주의 연맹 등 주
된 권력이 자리하고 있어.

노벨상

제1차 세계대전의 패배 후 독일은 어려운 시절과 격심한 동요를 겪었다. 그리고 유대인에 대한 증오가 점점 더 커졌다. 패전의 책임이 유대인들에게 있다는 악의적인 주장까지 나왔다. 아인슈타인은 네덜란드와 스위스를 더욱 자주 방문했다. 그는 이 두 국가를 일반적인 혼돈 속에 있는 평화의 섬으로 보았다. 네덜란드에서는 에렌페스트 집에 묵었고, 스위스에서는 밀레바와 아들들 집에 머물렀다. 아인슈타인이 베를린으로 돌아갈 때마다 밀레바는 몹시 걱정했으며, 아인슈타인이 독일 밖에 있을 때만 마음을 놓았다.

1919년부터 1932년까지 아인슈타인은 종종 두번째 부인 엘자를 데리고 여행을 다녔다. 엘자는 아인슈타인보다 다섯 살 연상이었고 병약했다. 아인슈타인은 미국, 프랑스, 중국, 일본, 팔레스타인, 스페인 등을 방문했다. 일본에 갔을 때, 자신이 1922년 11월 10일 노벨 물리학상을 특히 광전효과의 이론으로 수상했다는 소식을 듣게 된다.

노벨상 정관에 따르면 물리학상은 원칙적으로 인류에게 가장 유익한 물리학적 발견을 한 사람에게 수여하는 것으로 되어 있다. 그래서 스웨덴 과학아카데미는 아인슈타인의 어떤 작품에 상을 수여해야 하는지를 두고 장시간 협의했다. 상대성이론은 발견이 아니었다. 여러 사실들을 보다 간단히 도출할 수 있는 원리를 제시한 것에 불과했다. 그리고 그 사실들은 대부분 진작부터 알려져 있는 것들이었다. 광전효과에는 발견이 있는 것 같지만 전혀 새로운 것은 아니었다. 그래서 좀 더 일반화시켜 '이론물리학 영역에서의 공적에 대하여'라는 표현이 나오게 되었다.

괴테보리에서 노벨상 수상자 회의가 개최되었을 때 사람들은 잔뜩 긴장한 채 아인슈타인의 연설을 기다렸다. 아인슈타인은 자신이 가장 중요하게 여기는 주제를 택했다. 그것은 '상대성이론의 기본 구상과 문제'였다.

노벨상 수상 후 아인슈타인은 취리히로 가서, 밀레바와 함께 한 행복한 베른 시절의 연구 덕분에 얻게 된 최고 영예의 상금 전액을 아이들이 아닌 밀레바에게 건네주었다. 자신의 부양 의무와 전혀 상관없이 이루어진 이러한 상금의 증여는 밀레바가 함께 연구한 것에 대한 인정의 표시였다고 생각할 수 있다. 물론 아인슈타인이 이혼 후에 '자기 방식대로의 충실함'을 밀레바에게 약속했지만 말이다.

1938년에 《물리학의 진화》《중력 방정식과 동작의 문제들》을 아인슈타인과 함께 작업한 전기작가인 폴란드 물리학자 인펠트는, 아인슈타인의 삶이 숙명적인 아이러니로 가득하고 겉으로 볼 때도 모순 덩어리였다고 말한다. 가장 중요한 학문적 논문을 베른 특허청의 말단 공무원일 때 써냈다니 말이다.

그렇다. 그 행복했던 베른 시절에 아인슈타인은 친한 동료들과 마음에 맞는 사람들 속에서 베소, 샤방 등과 함께 격론을 벌이며 작업했고, 그가 가장 크게 신뢰한 인펠트로부터 수학적인 토대를 제공받았다. 인펠트는 이런 사정을 알지 못했지만 그 결과만큼은 인식했다. 그는 라이헨슈타인과 마찬가지로 다음과 같은 사실을 알게 되었다.

"아인슈타인의 삶에서 무척 짧았던 그 시기 동안 어떻게 이렇게 엄청난 결실을 맺었는지 놀랍다. 특수상대성이론만이 아니라 다른 기초적인 방대한 작업들에도 1905년이라는 연도가 적혀 있다."

아인슈타인은 자기 나름의 방식대로 밀레바에게 사의를 표했다. 밀레바는 노벨상 상금으로 취리히에 집 세 채를 사들였다. 그중 두 채는 곧 다시 팔았는데, 작은아들의 병 때문에 진 빚과 병원비를 갚기 위해서였다. 세번째 집인 후텐슈트라세 62번지에서는 커다란 어려움과 불쾌한 일들이 없지 않았지만 거의 죽을 때까지 살았다.

토지대장을 보면, 밀레바가 이 집을 1924년 6월 20일에 구입했음을 알 수 있다. 이 집은 1939년 1월 29일까지 밀레바의 소유였다가, 뉴욕의 로열티협회에 매각되었다. 이 매매계약을 통해 밀레바의 평생

취리히 후텐슈트라세 62번지 주택

거주권이 보장되었는가라는 질문에 대해, 관청 직원은 서류를 양심적으로 검토해본 후 계약서에는 그런 사실이 언급되어 있지 않다고 대답했다. 로열티협회는 1947년 10월 20일까지 이 집을 소유했다. 그 다음에 발트 지그만이 이 집을 사들였지만 그해 12월 15일에 다시 팔았다. 이 집은 오늘날 취리히 시의 소유로 되어 있다.

로열티협회 배후에는 아인슈타인이 있었다. 아인슈타인은 후텐슈트라세 62번지 주택이 다른 집 두 채의 저당권자 수중에 떨어지지 않도록 하기 위해 로열티협회와 공동보조를 취했다. 아인슈타인의 주장에 따르면 다른 집 두 채가 적합하지 않은 시설로 입증되었고, 밀레바는 1930년대 말까지 이자를 제대로 지불하지 못하는 상태에 있었다. 밀레바는 형식상 더는 후텐슈트라세 62번지 주택의 소유자가 아니었지만 그 집의 포괄적인 대리인이었다. 그녀는 그 집의 월세를 받아 저당권자들에게 이자를 지불했고, 그 나머지는 아들과 자신의 생계를 위해 썼다. 그 외에도 아인슈타인은 밀레바에게 매달 350프랑켄을 보냈고, 집의 보수비용과 세금뿐만 아니라 채무 원금을 갚는 것까지 떠맡았다. 아인슈타인의 설명에 따르면, 그는 이런 비용을 조달하기 위해 저축의 대부분을 썼다.

1930년, 밀레바는 병든 어머니를 돌보기 위해 노비사드로 떠났다. 돌아오는 길에 그녀는 벨그라드에 있는 병든 친구 밀라나를 방문했다. 이때는 봄이었다. 다른 때에는 유고슬라비아를 늦여름에나 방문하곤 했었다. 그해에 밀라나가 세상을 떠났다. 밀레바는 밀라나의 딸 밀리챠를 집에 초대했다. 그렇지만 상황이 얼마나 많이 달라졌는가!

아인슈타인이 밀레바의 집에 손님으로 있었던 2년 전의 즐거웠던 날들에 비해 무척 우울한 시절이었다. 그런데도 밀레바는 세르비아의 문학에 관심을 보이며 활기에 차 있었다. 밀리챠가 몸칠로 나스타시예비치의 《친척 마리아가 준 선물들의 유산》에 대해 언급하자 밀레바는 좀더 자세히 설명해달라고 부탁했다. 밀레바는 그 내용을 함께 듣기 위해 테테를 불러왔다. 그러고는 이 작품에서 특히 자신이 관심 있는 부분을 테테에게 번역해주었다. 밀리챠는 테테의 태도나 얼굴 표정에 아무런 변화가 없음을 알아챘다.

당시 아인슈타인은 두번째 부인과 함께 미국을 여행 중이었다. 그리고 자신이 강연을 한 컬럼비아대학의 과학자 모임에서 당시 미국에서 가장 유명한 물리학자였던 푸핀을 소개받는다. 푸핀은 헝가리 남부의 바나트 출신으로 밀레바와 동향 사람이나 마찬가지였다. 그는 1889년부터 컬럼비아대학의 교수로 재직하고 있었다.

프라하대학에서 아인슈타인의 자리를 이어받은 필립 프랑크는, 푸핀이 세르비아 목동에서 세계의 발명가와 과학자들 중 첫째 가는 유명인사가 되었다고 쓰고 있다. 프랑크에 따르면, 전기 현상에 대한 푸핀의 연구 덕분에 대서양 건너에 케이블을 설치할 수 있게 되었다고 한다. 푸핀은 실무에 능한 사람들의 건전한 감각을 이용하여 모든 이론들을 살펴보았다. 또한 다른 많은 사람들처럼 아인슈타인을 세간의 이목을 대단히 집중시킨 발명가로 보지 않고, 에너지 과학계에서 결코 혁명이 아닌 진화를 뜻하는 이론을 발견한 사람으로 여겼다.

푸핀은 수많은 전기장치들을 발명했는데, 그중에서 가장 중요한 것이 1899년에 만들어진 '푸핀 코일'이다. 푸핀 코일 덕분에 전기 에너지는 작은 횡단면을 지닌 전선을 통해서도 전달될 수 있었고, 크기가 작은 케이블로 원거리 전화를 연결하기 위해서는 전선만 길어지면 되었다.

아인슈타인은 푸핀에게 머리를 깊이 숙여 인사한 후, 자신이 경탄을 금치 못하는 분의 작업 성과들을 종종 유용하게 이용하고 있는데 그런 분을 개인적으로 알게 되어 행복하다고 말했다. 공식적인 축하 행사가 끝나고 함께 식사하면서 두 사람은 온갖 이야기를 나누었다. 아인슈타인은 또한 전처가 세르비아 사람이며 보이보디나 출신이라고 이야기했다. 뿐만 아니라 노비사드를 방문했던 일과 그곳에서 받은 인상들에 대해서도 언급하면서, 푸핀이야말로 세르비아 민족의 재능을 입증해주는 새로운 증거라고 말했다.

이렇게 말하는 동안 아인슈타인은 세르비아 출신의 키 작은 여대생 밀레바가 자신이 어려운 수학문제에 봉착할 때마다 얼마나 큰 도움이 되었는지, 또 밀레바가 오로지 애인이자 남편인 자신의 출세를 위해 그 똑똑한 머리를 어떻게 썼는지에 대해 생각했을까? 어쨌든 그는 푸핀과의 만남에 대한 인상이 너무 강렬해서 밀레바에게 편지를 썼을 정도였다.

아인슈타인은 1930년부터 1932년까지 캘리포니아의 파사데나에 있는 공학연구소에서 강의를 했다. 그 다음에는 프로이센 교육부의 양해를 받고 다시 베를린에 가서 1932년 여름학기에 대학에서 강의했다. 그 다음 겨울학기에는 뉴저지 프린스턴에 있는 고등연구소에서 강의를 하도록 이미 예약이 된 상태였다.

이 연구소는 수학자, 물리학자, 자연과학자, 역사가 등 탁월한 과학자들이 물질적인 걱정 없이 그 무엇에도 종속되지 않은 채 자유롭게 연구생활을 할 수 있도록 해주었다. 이곳에는 18명의 교수가 있었고, 나머지 회원들은 강연을 하는 사람이든 청강생이든 모두 손님이었다. 이곳에서 일할 사람들을 선택하는 데는 국적도 인종도 종교도 남녀의 성도 중요하지 않았고, 오직 학문적인 업적 및 출판물의 가치만이 평가기준이 되었다. 이 연구소는 그 계통에서 가장 유명한 단체가 되었다. 아인슈타인은 죽을 때까지 연구소의 상임 구성원이었다.

후텐슈트라세 62번지의 불안

밀레바는 이제 후텐슈트라세 62번지 4층에 있는 넓은 집에서 작은아들과 간호인하고만 살고 있었다. 밀레바는 커다란 테라스에다 수분이 많은 다육질 식물과 여러 화초들을 길렀다. 결혼 초부터 테라스든 창틀이든 공간을 확보할 수 있기만 하면 꽃을 심어왔다.

그 집은 도시에서 가장 경관이 빼어난 곳의 구릉에 위치했다. 테라스와 테테의 방 창문에서는 림마탈 계곡과 위틀리베르크 산은 물론이고 평지에 있는 도시도 볼 수 있었다. 남동쪽의 전망은 더욱 아름다웠다. 그곳에서 보면 취리히는 말편자처럼 긴 호수의 끝 부분을 에워쌌다. 이쪽으로 보면 지평선이 글라루스 알프스와 베른 오버란트의 산들에 의해 가로막혔다. 맑은 날에는 융프라우의 정상도 보였다. 조명이 밝혀진 도시의 밤풍경은 이 도시에 자주 찾아드는 비오는 날이나 달이 훤히 비치는 맑은 밤에도 특별한 맛을 느끼게 해주었다. 밀레바는 종종 테라스에 아들과 함께 있거나, 잠 못 이루는 긴긴 밤에는 혼자 앉아 있곤 했다.

1932년 취리히에서 일명 '소녀들의 여자친구들'이라는 회의가 열렸다. 이 회의에는 자그레브 출신의 여교수 밀리챠 보그다노비치 박사도 대표로 참석했다. 보그다노비치는 자그레브에 있는 여자 김나지움을 졸업한 존더에거 부인을 통해 밀레바와 알게 되었다. 밀레바가 두 사람을 차 마시자고 초대한 것이다. 보그다노비치가 보기에 밀레바는 '햇빛을 받으며 쉬고 있는 질병 회복기에 있는 사람'처럼 보였다.

"그녀는 매우 친절했지만 거의 말을 하지 않았어요. 그리고 세르비아어로 말하는 소리를 들으니 무척 기쁘다고 말했어요."

보그다노비치는 벨그라드 교육부의 장학사이자 수학자이며 밀레바와 잘 알고 있는 말비나 고기치의 말을 기억하고 있다. 고기치는 밀레바가 남편 아인슈타인의 일을 많이 도와주었고, 특히 남편이 세운 이론의 수학적 토대를 위해 지대한 공헌을 했지만 언제나 그런 사실에 대해 말하길 꺼려했음을 잘 알고 있다고 했다.

밀레바의 어머니는 밀레바가 자식들에게 세르비아어를 가르치지 않은 점을 안타까워했다. 손자들과 대화를 나눌 수 없었기 때문이다. 밀레바는 스위스 시민임에도 고향과의 연결 끈을 놓지 않았고, 스위스-유고슬라비아 연합이 창설될 때부터 열심히 참여하는 회원이었다. 특히 밀레바의 어머니가 살아 있는 동안 유고슬라비아와의 연결은

선인장과 함께 있는 밀레바

끈끈했다. 밀레바의 친정집에도 어머니가 대화를 나눌 수 없는 식구가 한 사람 있었다. 동생 밀로쉬의 아내로, 프랑스 사람인 마르테는 세르보크로아티아어를 배우지 못했다. 그런데도 제1차 세계대전 동안 그녀는 시댁에서 살았다.

독일의 정치적 발전은 1933년에 이미 치명적인 길로 접어들었다. 유대인 박해는 점점 더 심해져갔다. 1933년 초에 아인슈타인은 유럽의 다른 나라들로 갔다. 그해 5월 혹은 6월에, 변호사들인 알렉산더 모취 박사, 코스타 하드쥐 박사는 노비사드 법원에서 나와 카페 '마리아 왕비를 위하여'(지금의 이름은 '보이보디나' 이다)를 지나가고 있었다. 그때 모취 박사가 친구에게 은발의 인상적인 신사를 가리켰다. 그 신사는 카페의 창가에 앉아 있었다.

"저 사람이 누구인지 아나?"

모취의 질문에 하드쥐가 대답했다.

"얼굴은 낯이 익은데. 근데 누군지는 모르겠어."

"저 사람은 그 유명한 물리학자 아인슈타인이야. 그분께 인사하고 함께 이야기해보세."

모취는 아인슈타인이 예전과 마찬가지로 같은 자리에 앉아 있었기 때문에 그를 기억할 수 있었다.

두 친구는 카페에 들어가서 아인슈타인과 대화하기 시작했다. 아인슈타인이 그들에게 이렇게 말했다.

“독일에 있는 유대인들에게 끔직한 날들이 오고 있어요. 권력이 미친 사람들의 수중에 들어 있기 때문이오.”

아인슈타인은 노비사드로 온 이유를 말하지 않았고, 키사취카 20번지에 있는 옛 장모를 찾아보았는지도 밝히지 않았다. 그가 당시 벨그라드로 갔는지 역시 알려져 있지 않다. 그곳에 있는 친구들 중 아무도 방문하지 않았기 때문이다. 아인슈타인은 당시에도 그 후에도 다시는 독일 땅을 밟지 않았다.

가을까지는 벨기에의 오스트엔데 근처 해수욕장 코크에 체류했다. 벨기에로 가는 동안, 벌써 독일에서는 아인슈타인과 그의 작품들에 대한 공공연한 선동이 시작되었다. 1914년에 획득한 독일 국적도 상실했다. 재산도 몰수되었고 5만 마르크의 현상금마저 걸렸다. 베를린 근교의 카푸트에 있는 집은 약탈되고 부서졌다. 이 소식을 듣고 아인슈타인은 신랄한 어조로 이렇게 언급했다.

“예전에는 이곳저곳에서 개인의 지배만이 나타났는데, 이제는 그 본때를 주도적인 지배계급들이 내게 보여주는군.”

아인슈타인은 엘자 딸들의 안부를 몹시 걱정했고, 모두 무사히 독일 밖에 있다는 사실을 알고서야 마음을 놓았다. 프로이센 아카데미에 있는 동료들 중에도 나치에 동조하는 사람들이 있었다. 그들은 유대인 아인슈타인을 격렬히 비난했고, 그의 저작물들을 ‘독일의 치욕’이라고 불렀다.

1933년 9월 9일, 아인슈타인은 영국으로 갔다. 그리고 벨기에에서 배에 승선한 엘자와 함께 한밤중에 몰래 미국으로 건너갔다. 엘자의 작은딸 마르고트, 그녀의 남편, 아인슈타인의 여비서 헬레네 두카스가 이 두 사람과 함께 여행길에 올랐다.

한편 에두아르트의 병세는 이제 멀리 있는 사람들도 알 수 있을 정도로 심해졌다. 살이 많이 쪄서 대체로 기면병 상태에 빠져 있다가도, 간혹 발작적으로 손에 쥔 모든 것을 던지면서 소란을 부렸다. 어머니 밀레바에게 자신의 고통에 대해 하소연하고, 자신을 짓눌러 부수는 내적인 불안에 대해서도 한탄하고, 참을 수 없을 정도로 심한 귀와 머리의 통증을 호소하곤 했다. 자기 안에 똬리를 틀고 앉아 있는 저 놈을 때려 부숴야 한다고 설명하기도 했다. 그렇지 않으면 그 놈이 점점 더 자라나서 자기를 폭파시키고 말 거라고도 말했다.

밀레바는 심장이 오그라드는 것 같았다. 그녀가 아들을 도울 방법은 없었다. 아무리 힘이 든다 할지라도 그저 견뎌내야만 했다. 하지만 그 힘이 점차 약해졌다. 그리고 이제는 예전에 그녀를 엄하게 지배했던 성향들도 다시 두드러지기 시작했다. 밀레바는 병적일 정도로 야심적인 사람으로 변해 완전히 빈털터리가 될까봐 겁을 냈다.

후르비츠 가족은 에두아르트가 어렸을 때부터 여리고 병약하다는 것을 알고 있었다. 리스베트는 1934년 7월 1일자 일기에서 에두아르트의 정신착란에 대해 이렇게 기술하고 있다.

에두아르트는 불안하고 몹시 뚱뚱하다. 그리고 나폴레옹 같은 위인들에 대한 책이나 점잖지 못한 연극작품들만 읽는다.

에두아르트는 대부분의 시간을 침대에 누워 보냈다. 예전 같으면 그의 마음을 사로잡았을 물건들에도 관심을 보이지 않았다. 아들을 이런 상태에서 끌어내려는 어머니의 눈물겨운 온갖 시도도 소용이 없었다. 그는 피아노를 치겠다는 생각이 떠오르면 정신없이 피아노에 달려들어 망치질하듯이 건반을 두드려댔다. 그 바람에 이웃집 사람들의 항의를 많이 받았다.

노비사드에 있는 밀레바 부모와 여동생의 무덤

연이은 죽음, 몰락

밀레바 어머니의 병과 조르카의 정신 불안이 갈수록 심해지고 있다는 전갈이 노비사드로부터 왔다. 밀레바의 어머니는 1935년 초에 여든여덟의 나이에 노환으로 세상을 떠났다.

노비사드에 있는 사람들은 조르카가 너덜너덜하고 헝클어진 차림새로 장의사 앞에 나타나 가장 비싼 관뿐만 아니라 가장 엄숙한 장례식을 주문했음을 여전히 기억하고 있다. 장의사는 조르카의 주문을 믿지 못해 돈은 있느냐고 물었다. 그러자 조르카는 주머니에서 지폐를 한 움큼 꺼내고는, 장례비용을 정확하게 알려달라고 청했다. 장의사가 계산을 해보고 총액을 대략 알려주었다. 조르카는 조용히 계산이 틀렸다고 지적하고, 계산을 한 종이를 전혀 들여다보지 않았는데도 아주 정확한 총액을 장의사에게 알려주었다. 너무 놀란 장의사는 주위 사람들에게 이 일을 이야기했다. 이것은 조르카가 의식이 청명한 상태를 보여주는 모습 중 하나였다. 장례식이 진행되는 내내 그녀의 거동은 완전히 정상이었다. 밀레바는 매장이 끝난 후에야 도착했다.

조르카는 집에 완전히 혼자 남았다. 그녀가 양심적으로 돌보아주는 고양이만 50여 마리 있었다. 그렇지만 언니를 기다리면서 고양이들을 다른 곳으로 보냈다. 집을 환기시키고 정돈한 후 밀레바를 맞이했다. 조르카는 밀레바와 이야기를 나누었지만, 질투심 때문에 밀레바를 다른 사람들과 떼어놓으려고 안간힘을 썼다. 밀레바가 외출하고 유산을 정리하며 조르카의 생계를 걱정하는 게 싫었다. 밀레바가 농장과 정원을 조금 돌아보려 할 때조차 조르카는 내내 창밖으로 시선을 돌려, 언니가 무엇을 하고 어떤 세입자와 이야기를 나누는지 살펴보았다.

이처럼 밀레바는 이곳 부모 집에도 취리히에 있는 집처럼 이겨낼 수 없는 힘든 고통이 있음을 깨달았다. 친척뻘 되는 부인이 “미차야, 넌 어떻게 살고 있니?”라고 물으면, 밀레바는 “그냥 평탄하게 살고 있어요”라고 대답했다. 그녀가 자신의 처지를 말로 표현하고 싶었다 할지라도, 어떻게 자신의 삶을 그대로 말할 수 있었겠는가!

조르카는 사람들을 증오하고 경멸했다. 커다란 정원을 혼자서 가꾸었고, 뜰에 화초를 심었다. 그런데 감히 그곳의 화초를 건드리는 자에게 저주가 있을 지어다! 조르카는 오직 화초와 동물들에게만 존재 이유가 있다고 인정해주었다. 이런 존재들과 말할 때 조르카는 자상했다. 그녀는 본래 아름다웠지만, 사람들과 말을 하자마자 그 아름다운 얼굴은 견딜 수 없을 정도로 메스껍다는 표정으로 일그러졌다.

취리히로 돌아온 후 밀레바는 병든 아들 외에, 고독하고 불행한 여동생과 멀리 떨어져 있는 전남편에 대해 곰곰이 생각해보았다. 전남편 아인슈타인은 밀레바가 직면해 있는 낭떠러지를 전혀 알고 싶어하지 않았다. 1937년 6월 13일자 리스베트의 일기에 따르면 테테의 상태는 점점 더 악화되고 있었다. 그는 책을 무척 시끄럽게 읽었고 주로 누워서 지냈으며 밖으로는 거의 나가지 못했다. 시끄럽게 굴어서 귀의 통증을 못 느끼게 하고 싶어했다. 어머니는 음악을 통해 아들의 통증을 줄이려고 애썼지만, 테테는 화음을 더 이상 참아내지 못하고 화를 냈으며 울음을 터뜨렸다. 그러면 밀레바는 창문이란 창문을 모두 닫아 걸고 방석을 끼운 후, 아들을 피아노로 데려가 실컷 두드리게 했다. 그러나 그것도 아무 소용이 없었다. 문을 두드리며 항의하는 이웃사람들의 소리가 계속 이어졌다.

1938년, 조르카가 사망했다는 전갈이 왔다. 밀레바는 곧장 노비사드의 황폐해진 부모 집으로 향했다. 조르카는 알코올 중독이었다. 그녀는 비참하게 생계를 유지했고, 외로움 속에서 술에 취해 살았다. 그런데도 고양이들을 위해 정기적으로 뿔 모양의 빵과 우유를 샀다. 밀레바의 어머니 생시에 그 집에 기거했을 때 조르카가 어머니에게 심하게 대드는 것을 종종 목격했던 한 부인은 이렇게 보고한다.

"나는 조르카의 죽음을 아주 잘 기억하고 있어요. 우리 모두 그

녀가 심하게 욕하는 것을 두려워했기에 아무도 그녀의 방에 발을 들여
놓지 않았어요. 조르카는 항상 방문을 잠그고 있었어요. 도저히 견딜
수 없는 악취가 그 방에서 밀려나왔어요. 사흘이나 조르카의 모습을
보지도 못했고 목소리도 듣지 못하게 되자, 걱정이 되어 방문을 두드
렸어요. 그런데 아무런 대답이 없어서 우리는 관청에 알렸어요. 문을
부수고 부엌에 죽어 있는 조르카를 발견했어요. 바닥의 건초더미 위에
누워 있었어요. 고양이들은 그녀를 건드리지 않았어요. 집안 어디에나
먹이 천지였거든요."

밀레바는 2주간 노비사드에 머무르면서 시도니 가인 부인의 집
에 묵었다. 밀레바는 그 집의 딸 미라에게 프린츠-토미스라브 다리까
지 함께 가자고 청했다. 이 다리는 한스 알베르트가 정역학자(靜力學
者)로서 도르트문트 철 건축회사에서 만든 설계도에 따라 1929년에
세워졌다. 또한 제1차 세계대전 후 독일이 수리한 교량에 속했다. 다
리의 모습을 보자 밀레바의 감정이 북받치는 게 역력했다. 그러나 그
녀는 자신이 받은 인상에 대해 한마디 말도 하지 않았다. 그녀에게 이
다리는 넓은 도나우 강 양쪽을 연결해주는 것만이 아니었다. 멀리 살
고 있는 아들의 이념이 어머니 밀레바의 고향에 실현된 것이기도 했
다. 고향 바치카에서 밀레바는 아들의 사상이 콘크리트와 철로 표현되
었다고 보았다. 그녀는 큰아들을 더 이상 보지 못할 운명이었다. 그리
고 다리는 제2차 세계대전 중에 파괴되었다.

이것이 밀레바가 노비사드를, 유고슬라비아를 마지막으로 둘러본 방문이었다. 시도니 가인 부인 집에 머무는 동안 밀레바는 미라를 위해 뜨개질로 점퍼를 떠서 주었다. 미라는 이 점퍼를 대모 미차를 기념하기 위해 여전히 간직하고 있다.

아인슈타인은 1940년 10월 1일에 미국의 시민권을 얻었지만, 젊은 시절 취득하기 위해 고생했던 스위스 시민권을 포기하지 않았다. 아인슈타인은 1948년 8월 24일 구스타프 비슬러 박사와의 대화에서 이 사실을 다시 확인했다. 그는 스위스 사람들을 좋아했다. 그것은 스위스 사람들이 대체로 자신이 살았던 그 어떤 다른 지역의 사람들보다 인간적이기 때문이라고 했다. 게다가 스위스라는 국가를 높이 평가했다. 1848년에 뉴욕에서 활동했던 루돌프 니센 교수가 1952년 새로운 활동 장소인 베른으로 여행하려고 하자, 아인슈타인은 니센 교수에게 세상에서 자신이 알고 있는 가장 아름다운 곳으로 가는 것이라고 말했다. 스위스가 자신을 사랑하는 것보다 자신이 스위스를 더 많이 사랑한다고 말이다.

아인슈타인이 스위스 사람들의 호감을 항상 의심한 반면, 밀레바는 자신이 스위스에서 누리는 사랑과 존경을 믿지 못할 이유가 없었다. 밀레바는 스위스를 솔직히 내놓고 좋아했으며, 스위스 사람들로부터도 똑같이 사랑을 받았다. 그렇지만 자신이 살았던 챠키스텐 지역이나 속이 들여다보이는 티서 강의 초록색, 보이보디나의 넓은 지평선

등에 대한 그리움과 향수는 언제나 밀레바의 마음속에 남아 있었다. 고향에 대한 향수는 가슴 깊이 감추어져 있었고, 반복해서 마음을 울렸다.

아인슈타인은 미국 뉴저지의 프리스턴에 살았고, 고등연구소에서 일했으며, 대학에서 강의를 했다. 또한 집을 한 채 구입했는데, 넓은 정원에 자리 잡은 3층짜리 가옥이었다. 서재는 3층에 있었다. 책상에서 벽 전체를 차지하는 창문을 통해 내다보면 정원이 보였다.

1934년 엘자의 큰딸 일제가 프랑스에서 사망했다. 곧이어 엘자도 심각한 심장병에 걸렸고, 마침내 1936년 세상을 떠났다. 밀레바와 그녀의 공적을 익히 잘 알고 있었던 필립 프랑크는 아인슈타인 전기에서, 엘자가 예리한 지성을 갖지 못한 것은 물론이고, 슬라브족 여학생 밀레바에게 천성적으로 내재되어 있는 완벽한 체념 능력도 갖추지 못했다고 말한다. 그렇지만 엘자는 아인슈타인에게 무척 헌신적이었고, 거의 어머니처럼 아인슈타인을 돌보았다. 엘자는 명성과 사치를 좋아했고, 아인슈타인 곁에서 이런 것들을 향유할 수 있었다. 아인슈타인은 나중에 동료에게 이렇게 말했다.

"나는 아내가 과학에 대해 문외한인 게 좋아. 첫번째 아내는 말하자면 과학에 대해 잘 알고 있었거든."

아인슈타인은 당시 이미 각종 일화로 둘러싸인 전설적인 인물이었다. 브리티시 콜럼비아 출신의 한 어린 소녀는, 아인슈타인이 세상에 정말 있는지를 알아보기 위해 그에게 편지를 보내기도 했다.

당신이 정말로 존재하는지 알아내기 위해 편지를 드립니다.

아인슈타인은 자신이 제기한 문제들을 풀기 위해 계속 일했다. 불길이 타오르고 작열하는 숯이 온기를 더해주었지만, 베른 시절처럼 활활 타오르지는 않았다. 그런 일은 일생에 한번뿐이었다. 그런 일은 베른 시절의 환경과 사람들 속에서만, 특히 아인슈타인을 확고하게 믿는 천재적인 부인의 엄청난 후원 덕분에 가능했다. 밀레바의 친구들은 특수상대성이론의 첫번째 동기가 바로 밀레바에게서 나온 것이라는 견해를 고집한다.

아인슈타인의 창작에서 밀레바의 몫과 공적이 얼마나 대단했는지에 대해서는 당장은 확인할 수가 없다. 밀레바와 주고받은 편지들은 '알베르트 아인슈타인의 재산'으로 봉인되어 뉴욕에 있으며, 어떤 구실을 대어도 접근할 수 없기 때문이다. 말년에 아인슈타인은 밀레바와의 서신 왕래를 위해 여비서 헬레네 두카스를 이용했다. 이 편지들도 보관함 속에 들어 있다.

밀레바는 계속 불행한 테테를 걱정하며 살았다. 테테의 간호와 감시, 때때로 해야만 하는 요양소 체류 등에는 많은 비용이 들었다. 그래서 밀레바는 여전히 수학과 피아노 과외수업을 했다. 밀레바는 화초들을 보며 기분전환을 했다. 다른 어떤 일에서나 마찬가지로 화초를 돌보는 데도 전문가와 연구가처럼 몰두했다. 사교적인 관계는 몇몇 친한 사람들에게만 국한되었다. 밀레바가 친구들을 만나기 위해 카페에 가는 일은 드물었다. 가끔 친구들 또는 테테나 간호인과 함께 극장에 가기는 했다. 1938년 9월 6일, 밀레바는 리스베트와 함께 톨스토이의 〈크로이체르 소나타〉를 보았다. 1939년 1월 4일에도 리스베트는 밀레바와 함께 극장에 갔다고 기록했다.

음악은 밀레바에게 위안과 힘을 주었다. 그렇지만 음악에 대한 욕구는 테테가 없는 경우에만 채워질 수 있었다. 불행한 아들 테테는 어떤 형태이든 음악소리를 더 이상 참지 못했다.

그즈음 밀레바는 약한 신체부분들에 더욱 통증을 느꼈고, 견딜 수 없을 정도로 심할 때도 많았다. 그 결과 밀레바의 자랑거리였던 과묵함도 점차 사라져 친구들과 있을 때는 고통을 하소연하고, 심지어는 아인슈타인이 병든 아들은 물론이고 자신에 대해서도 신경 쓰지 않는다고 원망했다. 그래서 자그레브에 있는 친구인 아다 브로흐 박사는 아인슈타인에게 편지를 써서 아버지로서의 의무를 상기시켰다. 거기에는 테테의 절망적일 만큼 암울한 상태에 대한 설명과 가능한 한 빨리 돈을 보내라는 부탁이 포함되어 있었다.

테테가 요양소에 체류하는 기간은 점점 더 길어졌다. 또한 과도한 정신적 고통 때문에 밀레바의 병에도 변화가 생겼다. 밀레바는 사람들을 의심하기 시작했고, 사람들이 자신의 것을 훔치고 자기에게 나쁜 일만 일어나길 바란다고 생각했다. 그녀 조상들의 숭고한 유산인 체념의 능력도 다 소진된 것 같았다. 1923년 이미 벨그라드에 있는 친구 밀라나에게 자신이 더 이상 용감하게 버틸 수 없는 때가 오고 있다고 쓰지 않았던가?

밀레바의 몸에서 경화 증상이 심해지고 있었다. 정도가 가볍긴 했지만 뇌졸중도 여러 번 있었다. 밀레바는 거의 외출을 하지 않았다. 그런데도 자신을 돌보지 않고 작은아들 걱정만 했다. 테테가 부르크횔츨리에 체류하면, 밀레바는 아들에게 다정하게 인사하기 위해 도시의 끝까지 걸어갔다. 눈보라만 쳐도 몸의 균형을 잡는 게 무척 힘들었다. 밀레바는 집, 울타리, 나무를 찾아 몸을 기대었다. 빙판이 된 길은 약간 산 쪽으로 나 있었다. 흐리고 우울한 날이었다. 이제 좀 수월해질 거라고 생각했을 때 그녀 아래에 있는 땅이 꺼졌다. 지나가는 사람들이 부르크횔츨리로 가는 길에 의식 없이 쓰러져 있는 밀레바를 발견했다. 다리가 부러진 것이다. 밀레바는 노이뮌스터 병원으로 옮겨졌다. 병원에서 하지 부목을 댄 채 누워 있었다. 통증을 많이 느꼈지만 아들에 대한 걱정이 더 컸다. 그때 밀레바는 자신의 임종이 가까이 있음을 느꼈다.

1947년 3월 9일, 리스베트는 헬레네 두카스가 책을 돌려보냈으며 아인슈타인이 편지를 멋지게 썼다고 적고 있다. 즉 장차 더 배려를 많이 하겠다고 약속했다는 것이다.

밀레바는 결국 독방을 쓸 수 있는 병원으로 옮겨졌다. 그런데 온통 흰색인 병실의 단조로움은 밀레바를 괴롭혔다. 자신이 눈구름 속에 있으며, 밖으로 즉 아들에게 갈 수 없다는 인상을 받았기 때문이다.

5월 31일, 리스베트는 밀레바가 발그리스트 정형외과에 있다고 적고 있다. 지팡이를 짚고 천천히 움직일 수 있었는데, 발에 잘 맞는 교정 신발을 신고는 집으로 가려고 했고, 자신이 죽으면 테테가 어떻게 될까 하는 생각에 의기소침해 있다고 했다. 테테의 아버지와 형은 멀고 먼 미국에 가 있으니, 자신이 죽으면 테테 혼자 이곳에 머물러야 했기 때문이다.

아인슈타인이 1947년 7월 29일, 세상을 떠난 지 오래된 친구 에밀 쮜리허의 아들 칼 쮜리허 박사에게 보낸 편지를 보면, 밀레바가 아인슈타인에게 걱정과 극심한 어려움에 대해 알렸음을 알 수 있다.

쮜리허 박사님
제 전처가 종종 전한 바 있는데, 박사님이 어렵고 불편한 상황에 있는 그녀를 친절하게 도와주신다고 들었습니다. 박사님의 친절함은 제 전처가 잊지 못하고 있는 남동생을 생각나게 한다고 했습니다. 그래서 박사님께 진심으로 감사하다는 말씀을 드려달라고 제게 간청했습니다.

밀레바가 세상에 없을 경우 집을 팔아 테테에게 믿을 만한 후견인을 만들어준다면, 저도 한시름 덜고 지낼 수 있을 것 같습니다. 그다지 많지 않지만 이곳에 있는 제 저금은 저의 훌륭한 친구 나탄 박사가 관리할 것입니다. 그가 제 유언장 집행인입니다.

머지않아 또 다른 혼란이 불가피할 것만 같은 국제적 위협 상황은 차치하고서라도, 인플레이션이 끝나지 않고 있기 때문에 모든 게 불안정합니다. 중요한 것은 훌륭한 유머를 잃지 않고, 개인의 약한 힘에 허락된 것을 행하는 것입니다.

—인사와 소망을 전하며, 알베르트 아인슈타인

1948년 1월 3일, 리스베트는 완전히 절망에 빠져 있는 밀레바를 만난다. 밀레바가 평생 거주할 권리가 있음에도 사람들은 집 계약을 해약했다. 그 대신 주택국은 단지 비상 숙소를 마련해주었을 뿐이다. 아인슈타인은 집 판매 대금을 미국으로 송금해줄 것을 요구했다. 그렇게 하지 않으면 테테를 유언장에서 삭제하겠다고 했다. 리스베트는 불만을 메모했다. 집의 구매자는 밀레바의 거주권 단서조항을 철회했다. 마치 구두 약속을 취소하듯이 간단하게 말이다.

1939년에 집을 팔아야 할 필요가 있었을 때만 해도 밀레바는 구두로 한 약속도 서류에 서명한 것처럼 중요하다고 생각했다.

조정도 하지 않고, 밀레바는 1938년 죠카, 시도니야 가인 부부에게 노비사드에 있는 모든 재산과 관련된 법률행위의 전권을 넘겼다. 모든 게 이 부부의 판단에 따라 처리될 수 있었다. 이 성실한 부부는 밀레바의 위임을 전혀 사심 없이 이행했다. 1940년 7월 1일, 죠카 가인은 변호사 니콜리치가 작성한 키사취카 20번지에 있는 집들 중 하나의 임대계약서를 밀레바에게 보냈다. 밀레바는 서류에 서명을 하고 다시 돌려보냈다. 가인에게 집세를 깎아달라고 요구하지는 않았다. 그들을 믿었기 때문인데 당연한 일이었다.

Zürich 32, den 4. August 1948
Eos, Carmenstrasse 18

TODESANZEIGE

Nach langem. Krankenlager ging heute im 73. Altersjahr unsere geliebte Mutter

Mileva Einstein-Marity.

zur ewigen Ruhe ein.

Um stille Teilnahme bitten
In tiefer Trauer:
Albert und Frieda Einstein-Knecht und Kinder, .
1090 Creston Road, Berkeley / California
Eduard Einstein.

Beerdigung: Freitag, den 6. August, um 16.30 Uhr, im Friedhof Nordheim.

1904

사망신고서
오랫동안 병상에 있다가 오늘 73세의 일기로 우리의 사랑하는 어머니
밀레바 아인슈타인–마리치가 영원한 휴식에 들어갔다.

폭풍 같은 인생의 종말

봄이 한창이다. 정원에는 꽃이 만발하고, 거리는 온갖 나라에서 온 사람들로 넘쳐난다. 꽃이든 인간이든 화려한 양탄자 같은 풍경을 만들고, 여러 언어들이 끝없는 소음으로 융합된다.

테테는 집에 있었다. 어머니와 함께 발코니에 앉아 있었다. 밀레바는 아들에게 무언가를 낭독해주었지만, 테테는 귀를 기울이지도 알아듣지도 못하는 것 같았다. 테테는 거리에서 나는 소음을 듣고 있었는데, 마치 그곳에서 뭔가를 고대하는 것 같았다.

그런 상태로 있는 동안만 해도 괜찮았다. 갑자기 태도가 돌변할 위험이 언제나 있었다. 그것은 테테가 불안해지는 것에서부터 시작된다. 그러고는 몸을 떨며 모든 것을 닥치는 대로 붙잡아 내던진다. 그는 붙잡을 수 없는 것, 즉 상상의 것을 찾았다. 밤이면 이런 상태가 제어할 수 없는 분노로 고조된다. 모든 것을 이리저리 내던져 뒤죽박죽이 되게 하고, 찾는 것을 발견하지 못하면 바닥에 몸을 굴리고 가슴을 찢으며 울어댄다.

또다시 1929년에 겪었던 것처럼 끔찍한 밤이었다. 리스베트는 1948년 5월 23일 결국 무너져 내리는 밀레바에게서도 그런 혼란이 있었다고 적고 있다. 밀레바의 집에는 가정부 케레케쉬 부인이 있었는데, 어찌할 바를 몰라서 의사를 불렀다. 밀레바는 카르멘슈트라세 18번지에 있는 모나카 박사의 개인병원 에오스로 옮겨졌다. 몸의 좌측이 마비되었다.

또다시 흰색 병실, 침대에 꼼짝 못하고 누워 있어야 하는 처지 때문에 힘들어했지만, 밀레바가 가장 견디기 어려웠던 것은 모든 일에서 남들에게 의존해야 하는 상황이었다. 테테는 다시 부르크횔츨리에 있었다. 조금 나아졌다 싶으면 항상 격렬한 발작이 이어졌다.

1948년 6월 13일자 리스베트의 일기에는 병자를 방문한 일이 기록되어 있다. 밀레바의 병실은 2층에 있는 17호실이었다. 밀레바는 이야기를 할 수 있었지만 정신이 멍한 상태였다. 그녀는 아인슈타인과 병원과 간호원들에 대해 불만을 말했다. 테테가 방문하여 밀레바 곁에 있었는데, 무척 근심 어린 표정으로 어머니의 침대 곁에 서 있었다. 테테는 간호원과 함께 어머니 집으로 갈 수 있기를 바랐다. 밀레바 역시 아들 가까이 있으면서 아들을 계속 돕고 싶다는 마음 외에 다른 소망은 없었다. 밀레바는 자기가 모든 걸 할 수 있다는 것을 보여주려 했다. 이처럼 흥분한 상태로 밀레바는 계속 말했다. 그래서 사람들이 화를 내는 이유를 파악하지 못했다. 그녀는 이 모든 사람들을 자신으로부터 해방시켜주고 싶어했다.

7월 18일, 리스베트는 밀레바의 상태가 더욱 악화되었다고 적고 있다. 울먹이면서 부르크휠츨리로 가겠다고 했다. 병원 사람들은 밀레바의 벨을 꺼버렸다. 부르크휠츨리로 가서 아들 가까이 있고 싶어한다는 것을 사람들은 이해하지 못했다. 그녀는 아무도 자기의 이야기에 반응하지 않는다고 하소연했다. 리스베트는 밀레바의 말이 사실이라고 확신했다. 리스베트가 여러 번 단추를 눌러보았지만 아무런 반응이 없었기 때문이다. 그래서 간호원에게 가서 물어보았다. 벨을 끈 이유는 환자가 이유 없이 계속 벨을 누르기 때문이라는 대답을 들었다.

7월 25일, 리스베트와 그녀의 어머니는 무척 슬픈 표정으로 있는 밀레바를 만난다. 밀레바는 거의 제정신이 아니었고, 끝까지 이야기를 들으려 하지 않았으며, 계속 "아냐, 아냐" 하고 말했다. 테테가 어머니 곁에 있었다. 어머니가 부르크휠츨리를 과대평가하고 있으며, 또 자신이 여자 병동에 있는 게 그다지 좋지는 않다고 설명하려고 했다. 테테는 또한 어머니가 자신 때문이 아니라 아들 때문에 그곳으로 옮기고 싶어한다는 것도 이해하지 못했다. 어머니의 상태가 그 어디에 있든 더 나빠질 수 없는 상태였기 때문이다.

리스베트의 보고에 따르면, 밀레바는 임종을 바로 앞둔 마지막 날 의식이 완전히 정상이었고 맥락에 맞게 이야기를 했으며 정신을 집

중하고 있었다고 한다. 연방기념일인 8월 1일 리스베트는 군중 속에
서 테테를 보았다고 믿고 있다. 테테는 정말로 군중 속을 뚫고 지나가
고 있었다. 어머니를 방문하여 곁에 있기 위해서였다. 이제는 테테가
밀레바를 진정시켰다.

　밀레바는 무척 기쁘게 아들을 맞이하고, 아들의 손을 쓰다듬으며
안간힘을 다해 그 손을 꽉 붙든다. 아들 테테는 어머니가 임종할 때까
지 날마다 어머니 곁을 지켰다. 밀레바에겐 더 이상 어떤 소망도 없는
것처럼 보였다. 밀레바가 그 어떤 소망도 표현하지 않았으며, 어쨌든
다시 전적으로 그녀 자신이 되었다. 이곳 병상에서 자신이 짐만 되고
있는 낯선 사람들 속에서 밀레바는 결코 파괴할 수 없는 본래의 성격
을 되찾은 것이다.

　1948년 8월 4일, 엄청난 자기희생으로 점철되었으며 아무도 눈
치 채지 못한 광란의 폭풍우로 가득 찬 한 인생이 막을 내렸다. 밀레바
는 자신의 본성 안에 있는 것보다 훨씬 많은 일을 했다. 그녀는 태생적
으로 보편적 이타주의 성향을 지닌 사람은 아니었기 때문이다. 밀레바
가 지녔던 젊은 시절의 꿈들은 실현되지 못했다. 과도하게 넘친 사랑
이 그녀의 인생을 송두리째 바꾸어놓았다. 사랑으로 이루어진 모든 희
생은 밀레바가 믿었듯이 충분한 가치가 있었다. 사모하는 남자가 세계
적인 명성을 얻는 데 커다란 도움이 되었기 때문이다. 그러나 그 명성
의 결실을 향유한 사람은 다른 여자였다.

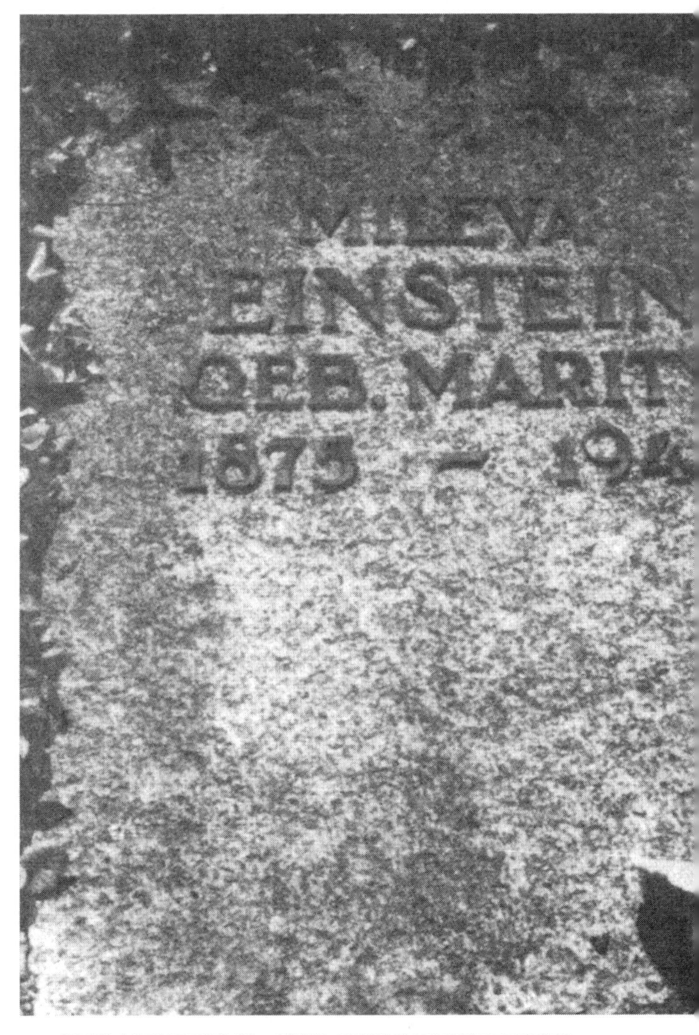

취리히 북공동묘지에 있는 밀레바 마리치의 묘석판(1975년까지)

밀레바는 병든 아들에 대한 근심으로 무거운 짐을 안은 채 외롭게 세상을 떠나갔다. 그녀가 살면서 도움을 간청한 것은 단 두 번뿐이었다. 한번은 1929년 아인슈타인의 두번째 부인 엘자 딸의 결혼식에 갔을 때이고, 나머지 한번은 지금 백색의 병실에서였다. 하지만 그녀는 두 번 모두 거절당했다. 밀레바는 벨도 작동하지 않는 병실에서 눈을 감았다. 완전히 무너지고 소외된 노파의 모습이었다.

밀레바는 취리히에 있는 노르트하임 공동묘지에 묻혔다. 장례식은 러시아 신부 슈보프가 집전한 정교회 의식에 따라 거행되었다. 무덤의 번호는 9357이었고, 위치는 게자 리터와 야콥 세레나 사이에 있었다.

그 시기에 아인슈타인은 이렇게 말했다.

"살 가치가 있는 것은 남들을 위해 산 삶뿐이다."

그러나 1952년 5월 12일 학창시절의 친구 야콥 에라트에게는 이런 내용의 편지도 썼다.

내가 나치 시대뿐 아니라 두 명의 아내를 보내고도 살아남았다는 점에 있어서는 괜찮은 편이야.

밀레바에게 특별히 헌신적이었던 친구들에게 그녀는 사랑스럽지만 수수께끼 같은 여자로 남아 있다. 자신에 대해 말을 하지 않았을 뿐만 아니라, 누군가가 자신에 대해 언급하는 것도 좋아하지 않았기 때문이다. 약간 거리가 있는 친구들이 보기에 밀레바는 전형적인 슬라브 사람이었다. 즉 조금은 우울하고 접근하기 어려웠으며, 자신을 가꾸지 않는데다 육체적인 결함도 갖고 있는 사람이었다. 그런데도 톡 쏘는 매력이 없지 않았다.

밀레바는 인생의 대부분을 보낸 도시와 나라를 열렬히 좋아했지만, 이러한 제2의 고향에서 어떤 식으로든 낯설고 무명이며 거리가 먼 존재로 머물렀다. 사람들이 그녀의 외적인 면모 대부분을 알고 있었지만, 그녀 자신은 속을 드러내지 않은 채 닫혀 지냈다. 아인슈타인조차 그녀의 내면으로 파고들 수 없었다.

아인슈타인에 대해 밀레바는 세상을 떠날 때까지 고통을 겪는 심복, 우정, 함께 보낸 시간에 누렸던 짧은 행복에 대한 감사 등의 마음을 품었다. 그녀에게 있어서 이런 행복은 부유함이나 그 밖의 이기적인 만족에 있는 것이 아니라, 함께 한 연구작업과 사랑하는 사람의 위대함과 명성에 기여할 수 있다는 기쁨에 그 본질이 있었다. 두 사람은 쌍방의 감정에 대해서는 입을 다물었다. 밀레바는 자신의 본성에 따랐고, 아인슈타인은 밀레바에 대한 주변 사람들의 적대적인 태도를 따라 행동했다.

인생이 쉽고 아름다울지 혹은 어렵고 추할지, 또 행복할지 아니면 불행할지는 여러 이유들에 달려 있다. 통상적으로는 불특정한 미지의 요인이 결정적인 작용을 한다. 밀레바의 능력이 아무리 뛰어나다 하더라도 그녀의 나이에는 너무 무리였다.

1948년 테테의 끔찍한 발작이 있은 후 밀레바는 무너지고 만다. 마지막으로 의식이 있었을 때, 스스로 삶의 투쟁에서 승리한다는 게 간단하지 않다고 확인시켜주었다.

화초로 넘쳐나는 테라스에는 가시가 돋친 선인장들이 특이한 모습을 하고 있었다. 선인장은 가시 때문에 아무도 감히 어루만질 수 없었는데도, 짧은 기간 동안 멋지게 꽃을 피우는 힘을 속에 품고 있었다. 상자와 화분으로 이루어진 이 작은 정원에서 밀레바는 자신이 선인장들과 비슷하다고 느꼈고, 마음을 달래주는 이해를 이곳에서 얻었다.

큰아들은 자신의 독립적인 가정을 꾸려 미국으로 이주했다. 밀레바는 전혀 미국에 가보지 않았다. 작은아들은 몸이 가까이 있지만, 늘 정신병이라는 끔찍하게 낯선 세계에 빠져 있었다. 밀레바는 자신이 더는 아들을 도울 수 없기 때문에 죽은 것이나 다름없었다.

어머니의 사망 후 테테는 더 이상 어머니에 대해 언급하지 않았다. 아버지와 형에 대해서는 말을 했지만, 어머니에 대해서는 단 한마디도 하지 않았다. 마치 밀레바가 그렇게 하기를 원한 것 같았다. 그런데도 그녀가 두려워했던 일이 벌어졌다. 테테가 혼자 남게 된 것이다. 그는 17년 이상을 부르크횔츨리에서 더 살다가, 1965년 10월 25일에 눈을 감았다. 부고에도 밀레바의 이름은 언급되지 않았다. '에두아르트 아인슈타인, 고 알베르트 아인슈타인의 아들'이라고만 적혀 있을 뿐이었다.

1965년 10월 28일자 〈신 취리히 신문〉에 '취리히에서 잊혀지다'라는 기사가 M.W.라는 서명으로 실렸다. 약 2년 전쯤 이 기사의 작성자는 신부를 동행하여 부르크횔츨리에 간 적이 있었다.

흐린 가을날이었다. 그는 신부가 자신의 피보호자와 함께 있는 동안 방에서 기다렸다. 피보호자가 돌아가자 신부는 집게손가락을 입에 대고 그를 차갑고 축축한 안뜰로 데려갔다. 그곳에 에두아르트 아인슈타인이 있었다. 푸른색 외투를 걸치고 나무신을 신은 채였다. 방금 밭에서 일을 했기 때문이었다. 그는 상당히 뚱뚱했고 무척 창백했으며 코밑수염을 길렀고 깜짝 놀랄 정도로 아버지 아인슈타인을 닮았다. 에두아르트의 모습에서 가장 아름다웠던 것은 크고 깊고 빛나는 어린아이 같은 눈이었다.

이 기사의 작성자는 아버지 아인슈타인의 눈이 그렇다고 생각했다. 그런데 에두아르트의 외모에서 가장 아름다운 이 눈은 밀레바의 용모에서 유일하게 아름다운 부분이었다. 크고 검고 빌로드처럼 부드럽게 반짝이는 그녀의 눈은 어린아이 같은 호기심으로 세상을 바라보았다.

에두아르트는 기사의 작성자와 이야기를 하는 동안 땅바닥을 응

Zürich, den 26. Oktober 1965

TODESANZEIGE

In der vergangenen Nacht durfte unser lieber

Eduard Einstein

Sohn des verstorbenen Prof. Albert Einstein

nach langem, schwerem Leiden in seinem 56. Altersjahr heim-
gehen.

Um stille Teilnahme bitten
die trauernden Hinterlassenen:

Hans Albert Einstein
1090 Creston Road
Berkeley/California USA
Margot Einstein
112 Mercer Road/Princeton NJ USA

Abdankung: Montag, den 1. November, auf dem Friedhof
Hönggerberg.

Allfällige Blumenspenden sind auf den Friedhof Hönggerberg
erbeten.

1965년 10월 26일, 취리히
부고
지난밤에 고 알베르트 아인슈타인 교수의 자제인 에두아르트 아인슈타인이
오랫동안 극심한 고통을 겪은 후 56세의 일기로 세상을 떠났다.

시했고, 나무신으로 땅의 젖은 부분을 오랫동안 팠다. 그는 수많은 정신분열증 환자처럼 이야기했다. 귀찮아하며 에둘러서 대화의 주된 화제로 돌아오곤 했다. 단어를 선택하는 것을 보면 대학교육을 받았음을 알 수 있었다. 에두아르트는 피아노 연습을 좋아하지만 그 때문에 남들에게 방해가 된다는 사실을 잘 알고 있었다. 또 밭일을 좋아하지 않지만 그게 자신에게 도움이 된다는 것이나, 방에서 혼자 잠자는 걸 좋아하지만 그래서는 안 된다는 것도 알고 있었다. 그는 신부와 함께 가고 싶어했다. 신부를 따라가면 피아노를 마음대로 칠 수 있을 것이기 때문이었다.

신부는 어머니의 사망 후 에두아르트에게 유일하게 가까운 친구가 되었다. 신부인 타너 박사는 때때로 며칠간 에두아르트를 집에 데려가기도 했다.

에두아르트는 부르크횔츨리의 생활에 익숙해진 것처럼 보였다. 그는 자신에게 어떤 특권도 주어져서는 안 된다는 것을 알고 있었다. 남들에게 부당한 것이 될 수 있기 때문이었다. 대화하는 동안 내내 에두아르트는 자신을 떠난 사람들을 옹호하려고 애썼다. 근본적으로 그는 천성이 선한 사람임에 분명했다. 이 기사의 작성자는 심지어 에두아르트가 자기 자신보다 다른 사람들을 더 많이 사랑했다고까지 생각했다. 어쨌든 그는 아직 기쁨을 느낄 수 있었다. 그에게 주어진 기쁨이 너무 조금이었지만 말이다. 이제는 더 이상 좋아질 수 없는 상황이었다.

그의 어머니 밀레바 마리치는 정신적으로 대단히 건강하고 위대한 업적을 이룩했는데도 알려지지 않았고 오해받았으며 무시된 채 삶에서 떠나갔다. 그녀는 어머니라는 존재로서도 언급되지 않고 있다. 위대한 과학자 알베르트 아인슈타인이 버린 옛 부인으로만 남아 있을 뿐이다.

U OVOJ KUĆI BORAVILI SU 1905 I 1907. GODINE
ALBERT AJNŠTAJN, TVORAC TEORIJE RELATIVITETA
I NJEGOV NAUČNI SARADNIK I SUPRUGA MILEVA.

OVO SPOMEN-OBELEŽJE POSTAVLJA SE POVODOM
100-GODIŠNJICE ROĐENJA MILEVE MARIĆ-AJNŠTAJN I
30 GODINA NARODNE TEHNIKE.
19. DECEMBRA 1975.

노비사드 마리치의 집에 있는 기념 편액(篇額)
1905년과 1907년, 이 집에 상대성이론의 창조자인 알베르트 아인슈타인과
그의 학문적인 동료이자 아내인 밀레바가 체류했다. 이 기념 편액은
밀레바 마리치-아인슈타인 탄생 100주년을 기념하여 설치되었다.

1969년 유고슬라비아의 크루세바치에 있는 '바그달라' 출판사에서 아인슈타인의 첫번째 아내 밀레바 마리치의 전기가 출간되었다. 키릴 문자(고대 불가리아어 표기에 사용되었던 문자)로 인쇄되고 출판업계의 큰 흐름과는 아주 동떨어지게 출판된 이 전기는 극소수의 독자만 접할 수 있었을 뿐만 아니라, 국제적인 아인슈타인 연구의 범주와도 관련이 없었다. 다행히도 1982년 자비 출간된 독일어 제1판이 파울 하우프트 출판사의 기획에 수용된 덕분에 이러한 장애들은 이제 해결되었다.

　　이 전기의 저자는 아인슈타인이 은총을 받은 시기에 아주 가까이 함께 살았던 사람의 인생을 사후에 구하려는 모험을 감행했다. 데산카 트르부호비치–규리치 부인은 1897년 크라피나(크로아티아)에서 태어났다. 부친은 대대로 방앗간을 운영하는 세르비아 가문 출신으로, 중등학교 교사이자 초등 교원 양성 기관의 강사였으며, 제1차 세계대전 후에는 지역 교육기관의 요직을 차지했다. 모친도 마찬가지로 부유한 세르비아계 가문 출신으로, 대대로 우체국장을 지낸 집안이었다. 집안의 형제자매들과 마찬가지로 데산카도 김나지움을 다니고 대학에서 공부할 수 있었다.

그녀가 원래 바랐던 것은 건축가가 되는 것이었다. 하지만 전쟁 때문에 자그레브대학과 프라하대학에서 수학과 물리학을 공부할 수밖에 없었다. 이후 데산카는 스렘스카 미트로비차와 제문의 김나지움 교사가 되었고, 1922년 세르비아계 국경지역 거주자 가정 출신의 행정법률가 보리스라이 트르부호비치와 결혼을 한다. 1941년까지 그녀는 제문에 있는 김나지움에서 가르친다.

유고슬라비아가 무너지고 세르비아 사람들에 대해 극단적으로 적대적인 '크라아티아 독립국가'가 세워진 후인 1941년에 데산카 가정은 사베강(유고슬라비아의 도나우강 오른쪽 지류 – 옮긴이)을 건너 벨그라드로 이주한다. 전후에는 전쟁을 겪은 몇 년 동안 보충 수요가 엄청나게 많아졌기 때문에 수업 의무도 강화되었다. 데산카는 금세 공과대학에 임용되었고, 나중에는 대학 강단에도 서게 된다.

은퇴한 후에는 밀레바 아인슈타인-마리치에 관한 자료를 조사하고 그녀의 전기를 썼다. 이것은 출신, 대학공부, 그리고 세대의 측면이든 두 아들이 활동하고 있는 취리히와의 연결을 통한 것이든 데산카가 용이하게 접근할 수 있는 시도였다. 이러한 친밀감은 당연히 우선적으로 관심이 생길 법한 전기적-과학사적 사실들과 물음들을 넘어서, 세르비아 민족의 역사와 취리히 지역의 역사가 독특하게 결합되는 차원을 이 전기에 부여해준다.

19세기 스위스가 국제적인 주목을 받은 사건들 중에는 여자들에게 대학 공부를 허용한 것도 포함된다. 취리히대학은 1867년에 유럽에서 최초로 여자에게 박사학위를 수여했다. 물론 여자들을 청강생으로 받아들이는 일은 이미 허용되고 있었다. 특히 러시아에서 온 여학생들은 그 기회를 잘 이용했다. 이러한 기존의 자유주의적 실천은 취리히대학의 행보로 인해 여자들을 대학에 정식으로 받아들이는 방향으로 바뀌게 되었다. 러시아 출신의 남학생들과 비슷하게 여학생들의 숫자는 갈수록 크게 늘어났다. 취리히에 인접한 오버슈트라스에는 러시아 학생들 자체의 하숙촌이 형성되었다. 이들에 대한 글들이 그 당시 많이 씌어졌다. 특히 여성해방적이고 혁명적이라고 자처하는 러시아 여학생들은 주목을 받는 게 중요했다.

그 당시에 도발적이었던 여학생들은 오늘날 진보 진영이나 사회주의 운동 또는 혁명 운동의 크고 작은 영웅들이 되었다. 비정치적이고 혁명과는 거리가 먼 여학생들은 처음으로 등장한 당파적인 역사기술에서 부당하게 푸대접을 받으며 그 명맥을 간신히 이어갔다. 같은 풍랑에 실려 취리히로 공부하러 온 발칸반도 출신 여학생들의 경우도 마찬가지다. 밀레바 마리치가 거의 주목을 받지 못했다는 것은 그녀의 삶을 말해주는 전기를 통해 설명될 수 있다. 그러나 좀더 자세히 살펴보면 그녀가 개인적인 운명을 남들과 공유했으며, 또 이러한 운명공동체에서 출신과 여자라는 성, 그리고 시대라는 아주 특정한 숙명이 드러나고 있음을 알 수 있다.

1891년 10월 9일, 콘라트 마이어와 고트프리트 켈러가 교환한 서신에 '세르비아 여성 헬레네 드루스코비치 양'이 언급된다. 큰 수고를 하지 않고도 그녀에 대해 알 수 있는 사실들이 있다. 즉 그녀가 1878년에 취리히대학에서 바이런의 '돈 주안'에 관한 논문으로 박사학위를 받았고, 영국문학에 대한 여러 논문들로 마이어와 비트만으로부터 인정을 받았고, 카를 슈피텔러에게 조언을 해주었으며, 대담하게 연주하고 여행을 다니며 철학을 하는 문인이었다가 급진적인 여권론자로 발전했음은 금세 알 수 있다. 그러나 헬레네의 흔적은 두 방향으로 사라진다. 그녀의 이름을 거론하고 있는 몇몇 특별한 사전들은 온통 출생연도도 틀리게 되어 있고, 쿠르트 얀츠의 니체 전기를 알고 있는 사람들만 그녀가 정신착란으로 죽은 것을 알고 있다.

헬레네가 박사학위를 받고 1년 후 취리히대학은 처음으로 세르비아계 의대 여학생에게 학위를 수여한다. 그녀는 1855년에 출생한 드라가 료취치로, 의사로서 1876년부터 1916년까지 여섯 번에 걸친 전쟁을 모두 남성들 속에서 함께 겪었고, 여성계에서 선구자로서 여성이라는 자신의 성에 특별한 관심을 갖고 지칠 줄 모르고 투신했다. 그녀의 이름을 《유고슬라비아 백과사전》에서 찾아보았지만 허사였다.

여기에서 열거되는 세번째 세르비아 여성은 철학자이자 번역가인 카타리나 요바노비치이다. 그녀는 취리히대학에서 공부하지 않았고, 1914년에 피난민으로 취리히에 와서 죽을 때까지 살았다. 1918년 이후에는 벨그라드 사회로부터 오해를 받았고, 1944년 이후에는 당국에 의해 중요한 예술가이자 사진작가인 아버지 아나스타스 요바노비치의 예술적인 유산을 빼앗겼다. 그녀는 고국의 문학작품을 훌륭하게 번역해냈는데, 특히 19세기 세르비아 문학의 고독한 보석이라 할 수 있는 페타르 페트로비치-네고스의 《고르스키 비예나치》의 번역본은 전쟁 중에 소실되었고, 평화시에 싼값으로 처분되었다.

밀레바 마리치의 인생도 이런 여성들의 인생행로와 아주 비슷하다. 그러나 이런 여성들 모두에게 공통적인 독자성에 대한 욕구는 밀레바의 경우 세기의 천재와 결합을 통해 비개인적인 목적에 헌신함으로써 비극적으로 왜곡되고 훼손되고 파괴되었다. 이 책으로 이런 상황이 달라질 수는 없다. 다만 그녀의 비극적인 삶을 이해심을 갖고 연구하고 관심을 갖고 기술함으로써 제대로 기념하기 위해 노력할 수 있을 뿐이다. 그리고 데산카 트르부호비치-규리치 부인이 밀레바 마리치의 전기를 씀으로써 이를 행했다. 이 전기의 독일어판이 처음으로 출간된 지 반년 후인 1983년 7월 25일 데산카는 벨그라드에서 세상을 떠났다. 그녀는 자기의 작품에 대한 생생한 반향을 체험했고, 이 작품이 전 세계로 퍼져나가리라는 것을 알고 있었다.

이 전기의 4판인 이 책은 그 전에 나온 판들과 다른 점이 있다. 즉 편집자의 추언이 들어 있는 것이다. 이것은 새로운 전기 자료가 알려진 후 반드시 필요하게 된 것들이다. 추언의 자료들은 이 전기의 작가가 당시에는 자료가 너무 적어서 조금밖에 다루지 못한 시기나 사건들과 관련된다.

모습을 드러낸 새로운 자료는 물론 중요한데, 특히 밀레바와 아인슈타인이 주고받은 서신은 데산카가 의도적이고 단호하게 개입하여 쓴 책을 추후에 검증할 수 있는 증거가 되었다. 데산카는 전기적인 전승자료들을 곳곳에 단편적으로 모자이크하여 하나의 완결된 그림을 만들었다. 데산카는 아인슈타인이 공부를 마친 후 어려웠던 시기에 밀레바의 '끝없이 믿어주고 이해해주는 사랑'으로 지탱했다고 썼다.

오직 그녀에게서만 그는 확신을, 자신의 독자적인 이념에 대한 신뢰를 찾을 수 있었다. 그 자신이 배운 선생들 중 그 누구도 그를 위해 어떤 것도 할 뜻이 없었고, 오직 세르비아 보이보디나 출신의 여린 소녀만이 감정뿐 아니라 그와 동등한 학문적인 이해로 그의 편이 되어주었다. 그것은 세상의 모든 적대적인 힘보다 강했다.

그녀는 그의 본래 천성에 반하는 방식으로도 그를 도왔다. 알베르트는 결정을 성급히 내리지만 마찬가지로 성급하게 그 결정을 바꿀 수 있는 사람이었다. 반면 밀레바의 결정은 서서히 무르익었지만, 철회할 수 없을 만큼 단호했다. 진실성과 언행일치는 밀레바 자신의 일부이자 그녀의 조화로운 정신적 본질의 부분이었다.

여기서 눈에 띄는 핵심은, 밀레바가 애인인 세기적 천재에게 보인 '동등한 학문적인 이해'를 주장한 대목이다. 늘 이런 태도면 좋으련만. 아인슈타인은 자신의 기초적인 발견의 분출을 준비하던 시기에 바로 이렇게 느꼈고, 또 이제는 누구나 알게 된 말로도 표현을 했다.

내가 당신에게서 나와 동등한 피조물을 발견해서 얼마나 행복한지 모르오. 그 피조물은 나 자신처럼 힘이 있고 독자적이라오!

이보다 더 아름다운 일치를 생각할 수는 없을 것이다. 또한 이 책의 저자가 남겨놓은 것보다 더 멋지게 만족을 얻는 것도 생각할 수가 없다.

베르너 침머만(Werner G. Zimmermann)

  밀레바 마리치의 지독한 사랑, 그 위대한 비극에 관하여

얼마 전 우연히 텔레비전의 오전 프로그램에 17대 국회의원 당선자 노회찬 씨와 부인 김지선 씨가 출연하여 이야기를 나누는 모습을 보았다. 촌철살인의 유쾌함에서 대가라 할 수 있는 노회찬 씨의 삶의 이력이 순탄치 않았으며, 여성운동과 노동운동의 현장에 살고 있는 부인 김지선 씨의 내조가 남편의 오늘을 만드는 데 큰 기여를 했음을 알 수 있었다. 물론 노회찬 씨 역시 아내가 자신의 능력이나 역량을 남편을 위해 희생하고 남편의 그림자로 자족하게 만드는 '함량 미달'의 남편은 아닌 것 같았다. 두 사람의 관계가 어느 한 사람의 일방적인 헌신과 희생의 토대 위에 있지 않고 비교적 대등한 것 같아서 건강해 보였다. 이 부부의 모습이 좋았던 것은 이런 관계를 아직까지는 일반적인 모델로 볼 수 없기 때문이리라.

특히 성공의 족적을 역사에 크게 남긴 남자의 뒤에는 언제나 자발적으로 지독하게 희생하는 어머니나 아내 등 여자들의 존재가 있는

게 대부분이다. 우리의 텔레비전 드라마 중에는 여자가 남자의 성공을 위해 자발적으로 희생하고 나중에 버림을 받는 신파조가 많다. 그런 도식에서는 기껏해야 보다 성공한 다른 남자를 만남으로써 자신을 버린 남자에게 복수하는 게 고작이다. 그리고 이런 스토리가 여전히 대중의 공감을 얻고 있다.

정도의 차이는 있지만 여자가 남자를 위해 헌신하는 구조는 동서고금을 막론하고 크게 다르지 않은 것 같다. 투표, 교육 등에서 남녀에게 동등한 권리를 부여하고 있는 21세기의 오늘날에도 남녀의 성 차이로 인한 차별구조는 엄연히 존재하고 있고, 남자의 성공을 위한 여자의 헌신 내지 희생이 당연시되거나 미화되는 게 또한 현실이다. 하물며 남녀평등의 개념조차 제대로 정립되어 있지 못했던 19세기말이나 20세기초에는 보상받지 못하는 여자들의 희생이란 너무도 당연한 일이었을 것이다.

이런 면에서 본다면 밀레바 마리치의 생애가 아무리 어려운 고난과 역경으로 점철되었더라도 그리 특별하다고 할 수 없을 것이다. 우리네 어머니나 아내라는 이름의 여성들의 삶도 밀레바의 경우에 못지않게 억세고 처절했기 때문이다.

그럼에도 밀레바 마리치(1859~1948)라는 한 여성의 삶에 안타까움과 연민을 느끼게 된다. 그녀의 이름이 그나마 거론되는 것은 물론 상대성이론의 창시자이며 20세기 최대의 물리학자로 꼽히는 알베르트 아인슈타인의 아내였기 때문일 것이다. 그러나 데산카 트르부호 비치-규리치가 추적한 밀레바의 삶의 흔적을 따라 그녀의 삶을 훑어보다 보면, 좋은 품성과 재능과 능력을 지닌 한 여성이 자신의 존재를 온전히 실현하지 못했다는 데서 아쉬움이 배어난다. 또한 자신의 정신적인 욕구를 따라 고유한 삶을 추구하던 총명한 한 여성의 삶이 남자에 대한 사랑으로 짧은 행복 이후 긴 고통의 터널에 들어서고, 자신의 전 존재를 투신하여 그 남자의 성공에 크게 기여했음에도 제대로 가치를 인정받지 못한 것에 분개하게 된다. 반면에 그녀의 인생 곳곳의 진지하고 꼿꼿한 내음을 감지하고, 초인적인 인내에 진한 감동과 경탄도 금치 못하게 된다.

밀레바 마리치는 우리 역사만큼이나 불행한 삶을 살았던 동유럽의 이주민 세르비아계 후예다. 식민지 백성의 후손이긴 하지만 비교적 좋은 환경에서 태어난 밀레바는 불행한 민족의 후손들이 지녀야 하는 총명함과 남다른 인내심을 타고났다. 어렸을 때부터 특히 수학과 음악 등에서 남달리 총명하여 두각을 나타낸 밀레바는 그러나 선천성 탈골이라는 신체적 장애를 갖고 있었다. 그 지역 출신의 상당수 주민들에게서 나타나는 이 증상 때문에 밀레바는 평생 절름발이로 살아야 했다.

신체적 결함을 정신적 우월함으로 보상하고자 더욱 자신의 내면 세계에 집중하며 독자적인 정신세계를 구축한 소녀 밀레바는 유럽의 진보적인 세계로 한발 더 나아간다. 19세기말까지만 해도 여성이 가정 밖의 세계에 발을 들여놓는다는 게 흔한 일은 아니었다. 특히 남성들의 전유물이었던 학문의 세계에 여성이 끼어 든다는 건 스캔들이나 호기심에 가까운 사건이었다. 그런 상황에서 유럽에서 최초로 여성에게 대학의 문호를 개방한 취리히 공업전문학교(연방공과대학 전신)에 당당히 입성한 밀레바는 그 대열에 합세한 몇 명 안 되는 선구적인 여성들 중 하나였다. 그때까지만 해도 그녀는 그 어떤 남성에게도 뒤지지 않고 학문적으로 성공할 자신이 있는 당찬 여성이었다. 특히 수학, 물리학, 음악, 언어 등에서 탁월한 능력을 이미 인정받은 데다, 정성어린 후원과 성원을 아끼지 않는 부모와 친지들도 있었다.

출신, 여성, 신체적 장애라는 한계를 극복하고 독자적으로 자신의 고유한 삶을 향해 나아가던 밀레바는 대학에서 연하의 동급생 알베르트 아인슈타인을 만나 우정과 사랑을 키워간다. 아인슈타인은 풍부한 지식과 정확한 판단, 주어진 문제를 철저하게 파고드는 태도, 문제를 간단하게 풀어내는 능력, 그리고 확실한 자신감과 흔들리지 않는 확고한 태도 등을 지닌 밀레바에게 끌리게 되고 점점 더 그녀에게 의존하게 된다.

그녀는 알베르트의 버팀목이었다. 그는 밀레바가 필요했다. 그녀가 없었다면 그는 앞으로 나아간다 하더라도 무척 더디었을 것이다.(63쪽)

아인슈타인은 밀레바의 약점들에 개의치 않고 연인관계를 확고하게 만들어간다. 그리고 그의 이런 열정은 평생을 두고 밀레바로부터 넘치도록 보상을 받는다. 아인슈타인의 적극적인 구애에 소극적으로 반응하고 오히려 도망치려 했던 밀레바는 자신이 이미 사랑에 중독되었음을 깨닫는다. 독자적인 삶에 대한 지향은 이제 사랑하는 사람의 성공을 위한 거름이 되겠다는 방향으로 바뀌게 된다.

그때까지만 해도 밀레바는 목표를 자기 자신 안에서 찾았었다. 그런데 이제 그녀의 내면세계가 심하게 흔들렸고 목표도 다른 곳에 있었다. 그녀 혼자서는 더 이상 아무것도 아니었다. 사랑하는 사람에 의해서만 계속 살아갈 수 있을 뿐이었다. 그녀의 개성은 모든 의미를 잃고 말았다. 사랑은 마치 허리케인처럼 그녀의 모든 야망, 어린 시절부터 품었던 모든 꿈을 싹 쓸어갔다. 이제는 오직 있는 힘을 다해 아인슈타인의 능력을 계발하여 그녀가 일찍이 자신에 대해 열망했던 위대한 인물로 만드는 데 도움이 되기만을 바랐다.(65쪽)

주변 사람들이 아인슈타인의 능력에 대해 반신반의했지만 밀레바는 그의 비범한 재능을 알아보았고 결코 의심하지 않았다. 그녀가 보여주는 변함없는 신뢰는 아인슈타인이 자신의 재능을 펼치는 정신적인 원동력이 되었다.

밀레바는 출신이나 신체적 결함 때문에 아인슈타인의 가족으로
부터 모욕과 냉대를 받는다. 그러나 두 사람은 서로에 대한 확고한 사
랑과 신뢰, 그리고 공동작업에 대한 기대를 갖고 역경을 헤치고 마침
내 행복한 결혼생활을 시작한다. 밀레바는 가정살림과 경제적인 문제
의 해결은 물론이고, 아인슈타인의 아이디어를 수학적으로 증명해주
는 일도 열심히 해나간다. 자신을 돌보지 않고 남편과 자식을 위해서
만 살아가는 여인의 전형적인 삶이었다.

밀레바는 남편과 함께 있는 게 행복했고, 또 남편을 위해 주위에
서 일할 수 있어서 만족스러웠다. 일상의 모든 짐은 밀레바가 짊
어졌다. 아인슈타인은 자신의 창작에 몰두할 수 있었고, 밀레바
는 알고 있는 지식뿐 아니라 남편에 대한 믿음과 남편을 격려하
는 힘으로도 남편의 일을 도왔다. 밀레바는 아인슈타인이 그녀를
다른 부인들과 구분시켜주는 업적에 대해 높이 평가하며 사랑해
주면 그것으로 황홀했다.(130, 132쪽)

짧은 기간의 이러한 행복은 앞으로 닥쳐올 불행을 미리 보상해준
것이나 다름없었다. 두 사람의 공동작업은 1905년 마침내 많은 결실
을 맺게 되고, 그중 하나가 훗날 아인슈타인의 노벨상 수상의 근거가

된다. 밀레바는 아인슈타인의 성공에서 알려지지 않은 주변부 인물이자 그림자로 머물렀지만 명백한 공동작업자였다. 그녀의 작업이 없었다면 아인슈타인의 성공은 불가능했을 거라는 게 주변 사람들의 일반적인 평가이다.

그런데 절대적인 후원자였던 밀레바에게 아인슈타인은 이혼을 요구한다. 제1차 세계대전 동안 헤어져 산 이후의 일이었다. 부유하고 화려하며 밀레바와는 전혀 다른 유형인 친척 엘자와 살기 위해, 온갖 희생을 감수한 아내를 버린 것이다. 전쟁 중에 헤어져 있는 동안 밀레바는 심리적·정신적으로 뿐만 아니라 경제적으로 극한 곤경에 처해 살았다. 베를린에 머물고 있는 아인슈타인으로부터 경제적 지원이 제대로 이루어지지 않았기 때문에, 음악과 수학 등의 과외를 하며 두 아들을 부양했다. 아인슈타인 부모의 극심한 결혼 반대, 혼전 임신, 경제적 궁핍, 남편과 아들의 뒷바라지, 남편의 성공을 위한 공동작업 등, 밀레바는 아인슈타인과의 삶에 자신의 모든 것을 바쳤다. 그런 남편이 이제 자신과 전혀 상관이 없는 존재가 되다니! 밀레바는 자신의 모든 능력과 꿈 그리고 노력을 바쳤던 사람을 영원히 잃게 된 것이다.

밀레바 자신이 기꺼이 희생한 삶의 의미가 전부 사라져버렸고, 그와 함께 그녀가 한 투쟁과 체념의 의미, 그리고 가치에 대한 믿음도 없어져버렸다.(208쪽)

그러나 고난은 이혼으로 끝이 난 게 아니었다. 아니, 그것은 밀레바에게 고난의 시작이었다. 작은아들 테테가 정신적인 발작을 일으켜 소란을 떨었고, 만류하는 어머니의 목까지 졸랐던 것이다. 아들의 발작에 놀란 밀레바는 베를린에 있는 아인슈타인을 찾아간다. 테테의 문제를 상의하기 위해서였다. 그런데 바로 그날은 엘자의 딸 마르고트가 결혼하는 날이었다. 아인슈타인은 의붓딸의 결혼식에 참석하여 수많은 사람들의 환호를 받았다. 밀레바 특유의 인내심과 초인적인 자제력이 발휘되었다. 그녀는 결혼식이 손상될 만한 어떤 행동도 취하지 않았다.

이혼 후에도 아인슈타인은 취리히에 일이 있으면 밀레바의 집에 들르거나 묵기도 했다. 마치 옛날로 돌아간 것 같았다. 밀레바는 아인슈타인에게 여전히 성실했고, 그가 원하는 작업을 해주었다. 독일에 나치정권이 들어선 후 아인슈타인은 미국으로 망명하고, 큰아들 한스 알베르트 역시 결혼 후 미국으로 이주한다. 취리히에는 밀레바와 병든 작은아들 테테만 남게 되고, 밀레바는 불행한 작은아들을 돌보며 비극적인 삶을 마감한다. 이 정도만 보아도 밀레바의 삶은 비극이라고 할 수 있다. 남편과의 이별도 죽음과 같은 고통이었는데, 작은아들의 병이 더한 고통으로 엎친 데 덮친 격이 되었다.

그런데 그뿐만이 아니었다. 여동생 조르카가 제1차 세계대전의 혼란 속에서 얻은 정신질환으로 자신뿐 아니라 가족 모두를 고통 속에 몰아넣고, 훌륭한 가장이었던 아버지를 죽음으로 내몰고 자신도 비극

적인 최후를 맞이한다. 또한 밀레바의 자랑거리였던 남동생 밀로쉬마
저 제1차 세계대전 중 행방불명되고, 끝내 가족의 품으로 돌아오지 못
한다. 총명하고 비범했던 밀레바 삼남매는 모두 비극적인 삶을 살았다.

밀레바는 이 모든 과정을 전부 겪었다. 녹록치 않은 인생을 살았
건만 그녀는 굴복하지 않고 끝까지 버텼다. 그것도 혼자서 말이다. 고
전적인 의미에서의 위대한 영웅처럼 말이다. 주변에 자신의 존재나 사
정을 알리지 않은 것은 물론이고, 주변 사람들이 자신에 대해 이야기
하거나 걱정하는 것조차 허용하지 않았다. 그녀는 자기 자신에 대해서
는 지독하게 엄격했다. 그럼에도 주변 사람들에겐 빛이 되는 존재였
다. 주변사람들은 밀레바가 그 어떤 유형에도 속하지 않는 특이한 타
입이라고 말한다.

속을 드러내지 않고 말이 없었지만, 그럼에도 친절하고 다정했으
며 어느 면에서나 자연스럽고 억지가 없었다. 통상적인 의미에서
보면 선하지도 악하지도 않았다. 그녀의 윤리는 수준이 높았으며
사실과 일치했다. ……밀레바는 아주 겸손하게 자신의 업적을 숨
겼고 드러내 자랑하는 법이 없었다.(253~254쪽)

밀레바가 젊은 시절에 꾸었던 꿈들은 아인슈타인에 대한 지독한
사랑 때문에 실현되지 못했다. 그렇다고 후회하는 것은 아니었다. 사

랑으로 인한 희생은 충분한 가치가 있다고 믿었기 때문이다. 그리고 그 결과 사랑하는 남자가 세계적인 명성을 얻는 성공을 거두었다. 다만 그 결실을 향유한 사람이 다른 여자였을 뿐이다.

밀레바가 온갖 역경에도 불구하고 자신의 선택에 평생 고집스럽게 성실했으며, 출세나 명예 또는 화려한 생활보다는 한 남자의 그림자로서 구도자처럼 주어진 삶을 뚜벅뚜벅 우직하게 걸어갔다는 데서 영웅과 같은 위대함을 느낄 수 있지만, 다른 한편 그녀가 물리학자나 수학자로서 인류의 행복에 기여할 수 있는 가능성이 사장된 점에 대해 안타까움을 떨쳐버릴 수가 없다.

우리네의 인습적인 사고에서는 한석봉 어머니나 신사임당이 여전히 훌륭한 여성의 표본이다. 그러나 이제는 고정된 이상적인 여성상에서 벗어나 자기 스스로 온전히 서서 세상을 끌어안는 당당한 여성들을 많이 만날 수 있어야 할 때가 되었다고 본다. 제법 많은 수의 여성 국회의원을 볼 수 있게 된 지금, 남다른 노력과 재능을 지닌 이 땅의 밀레바들이 꽃을 피우고 날개를 펼칠 수 있기를 기대한다.

2004년 5월 모명숙

옮긴이 모명숙 독일 뮌스터에서 수학하고 서울대학교에서 독문학 박사학위를 받았다. 성균관대학교 강사와 출판사 주간을 지냈으며, 현재 번역가로 활동하고 있다. 박사학위 논문으로 '하인리히 만의 소설 《머리》에 나타난 지성인 문제' 가 있고, 옮긴 책으로는 《바빌론 성 풍속사》 《운명》 《비둘기》 《나사렛 예수는 누구인가》 등이 있다.

아인슈타인의 그림자   밀레바 마리치의 비극적 삶

초판 찍은날 2004년 5월 20일   **초판 펴낸날** 2004년 5월 25일

지은이 데산카 트르부호비치 – 규리치 | **옮긴이** 모명숙

펴낸이 변동호 | **출판실장** 옥두석 | **편집** 이준호 | **디자인** 0.02% | **마케팅** 김현중 | **관리** 김효선

펴낸곳 (주)양문 | **주소** (110-260) 서울시 종로구 가회동 170-12 자미원빌딩 2층

전화 02.742-2563~2565 | **팩스** 02.742-2566 | **이메일** ymbook@empal.com

출판등록 1996년 8월 17일(제1-1975호)

ISBN **89-87203-65-4 03400**   잘못된 책은 교환해 드립니다.